高等职业教育计算机类课程新形态一体化教材

C语言程序设计 （第2版）

主　编　衡军山　马晓晨

副主编　郑阳平　苏建华

智慧职教学习平台 / 微课视频 / 课程标准 / 授课计划 / 电子教案
教学课件PPT / 学习思维导图 / 案例源码 / 习题答案

"互联网＋" 教材
"用微课学" 系列

高等教育出版社·北京

内容简介

　　本书是国家级精品资源共享课"C语言程序设计"配套教材，共分为基础篇和提高篇两部分。其中，基础篇包括程序设计宏观认识、程序设计基础知识、顺序结构程序设计、选择结构程序设计和循环结构程序设计5个单元；提高篇包括批量数据的处理、使用函数分工合作、使用指针访问数据、结构体、共用体与用户自定义类型，以及文件的读写操作5个单元。每个单元都由导学、本单元学习任务、知识描述、单元总结和知识拓展这5部分组成，同时辅以随堂练习，在"教学做"中逐步培养和强化读者的C语言应用能力。

　　本书配有60个微课，已在智慧职教平台（www.icve.com.cn）上线，学习者可登录网站进行学习，也可通过扫描书中的二维码观看微课视频，随扫随学。此外，本书还提供了其他数字化课程教学资源，包括课程标准、授课计划、电子教案、教学课件PPT、学习思维导图、案例源码、习题答案等，读者可登录网站进行资源的学习及获取，也可发邮件至编辑邮箱1548103297@qq.com获取相关资源。

　　本书配有《C语言程序设计实训指导（第2版）》，内容包括配套主教材各单元的实践题目汇编、实践技能综合测试、全国计算机等级考试二级C语言考试说明及考试样题等。

　　本书适用于高等职业院校应用型、技能型人才的培养，也可供C语言程序开发人员和自学者学习参考。

图书在版编目（ＣＩＰ）数据

　　C语言程序设计 / 衡军山，马晓晨主编. --2版. --北京：高等教育出版社，2020.12（2021.8重印）

　　ISBN 978-7-04-054900-3

　　Ⅰ. ①C… Ⅱ. ①衡… ②马… Ⅲ. ①C语言-程序设计-高等职业教育-教材 Ⅳ. ①TP312.8

　　中国版本图书馆CIP数据核字（2020）第153690号

C Yuyan Chengxu Sheji

策划编辑　许兴瑜	责任编辑　许兴瑜	封面设计　姜　磊	版式设计　王艳红
责任校对　窦丽娜	责任印制　存　怡		

出版发行	高等教育出版社	网　　址	http://www.hep.edu.cn	
社　址	北京市西城区德外大街4号		http://www.hep.com.cn	
邮政编码	100120	网上订购	http://www.hepmall.com.cn	
印　刷	唐山嘉德印刷有限公司		http://www.hepmall.com	
开　本	787 mm×1092 mm　1/16		http://www.hepmall.cn	
印　张	11.75	版　次	2016年9月第1版	
字　数	250千字		2020年12月第2版	
购书热线	010-58581118	印　次	2021年8月第2次印刷	
咨询电话	400-810-0598	定　价	33.00元	

本书如有缺页、倒页、脱页等质量问题，请到所购图书销售部门联系调换
版权所有　侵权必究
物料号　54900-00

Ⅲ 智慧职教服务指南

基于"智慧职教"开发和应用的新形态一体化教材，素材丰富、资源立体，教师在备课中不断创造，学生在学习中享受过程，新旧媒体的融合生动演绎了教学内容，线上线下的平台支撑创新了教学方法，可完美打造优化教学流程、提高教学效果的"智慧课堂"。

"智慧职教"是由高等教育出版社建设和运营的职业教育数字教学资源共建共享平台和在线教学服务平台，包括职业教育数字化学习中心（www.icve.com.cn）、MOOC 学院（mooc.icve.com.cn）、职教云 2.0（zjy2.icve.com.cn）和云课堂（APP）四个组件。其中：

- 职业教育数字化学习中心为学习者提供了包括"职业教育专业教学资源库"项目建设成果在内的优质数字化教学资源。
- MOOC 学院为学习者提供了大规模在线开放课程的展示学习。
- 职教云实现学习中心资源的共享，可构建适合学校和班级的小规模专属在线课程（SPOC）教学平台。
- 云课堂是对职教云的教学应用，可开展混合式教学，是以课堂互动性、参与感为重点贯穿课前、课中、课后的移动学习 APP 工具。

"智慧课堂"具体实现路径如下：

1. 基本教学资源的便捷获取及 MOOC 课程的在线学习

职业教育数字化学习中心为教师提供了丰富的数字化课程教学资源，包括与本书配套的电子课件（PPT）、微课、教学案例、源代码、习题及答案等。未在 www.icve.com.cn 网站注册的用户，请先注册。用户登录后，在首页或"课程"频道搜索本书对应课程"C 语言程序设计"，即可进入课程进行教学或资源下载。注册用户同时可登录"智慧职教 MOOC 学院"（http://mooc.icve.com.cn/），搜索"C 语言程序设计"，点击"加入课程"，即可进行与本书配套的在线开放课程的学习。

2. 个性化 SPOC 的重构

教师若想开通职教云 SPOC 空间，可将院校名称、姓名、院系、手机号码、课程信息、书号等发至1548103297@qq.com（邮件标题格式：课程名+学校+姓名+SPOC 申请），审核通过后，即可开通专属云空间。教师可根据本校的教学需求，通过示范课程调用及个性化改造，快捷构建自己的 SPOC，也可灵活调用资源库资源和自有资源新建课程。

3. 云课堂 APP 的移动应用

云课堂 APP 无缝对接职教云，是"互联网+"时代的课堂互动教学工具，支持无线投屏、手势签到、随堂测验、课堂提问、讨论答疑、头脑风暴、电子白板、课业分享等，帮助激活课堂，教学相长。

▦ 第 2 版前言

计算机技术已深度融入社会生产、生活。当我们每天依赖于互联网、计算机或智能终端设备处理工作或个人事务时，您是否想过，其实我们所应用的只是运行在这些硬件设备上的软件程序，我们是在和程序对话。那么，程序是如何设计出来的，又是如何运行的？这就是程序设计问题。程序设计是软件开发人员的基本能力，懂得程序设计，才会进一步懂得计算机的工作原理，培养分析问题和解决问题的能力。即使将来不是计算机专业的从业人员，由于学过了程序设计，理解软件生产的特点和生产过程，也能够更好的开展本领域的有关业务。

程序设计可以选择的编程语言很多，C 语言是目前世界上最优秀、应用最广泛的程序设计语言之一，被业界推崇为编程语言的首选。尤其是电子信息类专业的从业人员，拥有扎实的 C 语言编程基本功，可以为自己的职场发展增加成功的筹码。C 语言是一门计算机语言，对于初学者来说在思维方式上需要跨越心理上和思维方式上的障碍。实际上像汉语、英语、法语等语言一样，计算机语言也是一门语言，它和人们日常使用的语言非常类似，所以学习方法也有相似之处。由此看出，学习 C 语言的真正目的就是会用 C 语言，让语言为编程服务。C 语言就是一个利用计算机去解决问题的工具，这就像在学如何使用钉旋具（俗称螺丝刀）时需要掌握的是如何去用螺丝刀拧螺丝，而不是学习螺丝刀的制作方法、研究螺丝刀的形状、结构、制作材料等。课程教学的主要目的是使学生掌握 C 语言的使用方法，让学生真正具有利用 C 语言解决实际问题的能力，而不是只让学生了解很多 C 语言的细节和深入的语法。培养学生自主学习和应用 C 语言解决实际问题比让学生掌握 C 语言语法重要得多。学习 C 语言不能像学习理论性和知识性课程那样，如果每堂课是逐步的学习并记忆 C 语言的规则、定义，那就太枯燥无味了，也不可能学好 C 语言。因此，是否学好了 C 语言，关键看是否能用好它。要想用好，关键要实践，只有学以致用，从用中学，才能实现高效的学习并取得理想的学习效果。

因此，在编写本书时，"淡化语法，强调应用"是我们坚持的一个原则，本书注入了新的教学思想和方法，力争改变过去定义和规则讲授过多的弊端，从现实的具体问题入手，努力把枯燥无味的语言讲得生动、活泼。让学生明白如何分析并解决实际问题，逐渐培养学生程序设计的正确思维模式。注重"通俗性、可接受性"的原则，重点放在程序设计方法上，通常由例题引出一种语法规则，通过一些求解具体问题的程序来分析算法，介绍程序设计的基本方法和技巧，注重易读性和启发性；从最简单的问题入手，通过编写、运行程序来掌握语言的规定和程序设计的方法，然后再分析一些语法细节；所选例题也是由简到难逐步呈现。总体上来说，教材在知识性、趣味性、难易程度等方面，力求与学情达到最佳的匹配程度，使学生在教材的引导和老师的教学过程中，乐于学习、易于学习、轻松快乐的掌握这门语言。这也是编者十几年来一直探求的课题，虽然建成了国家级精品资源共享课，但我们探讨追求快速有效地学习 C 语言方法的行动一直在继续。教材是体现教学内容和教学方法的最直接的载体，教材编写的好坏直接影响着教学过程，所以，我们从未停止过教材的研究与修订。

在不断的教学改革与实践的基础上，我们对《C 语言程序设计》新形态一体化教材进行了修订，并推出了第 2 版，第 2 版保持了第 1 版的内容组织结构，同时增补了部分优质的数字资源。在修订过程中更加注重知识描述方式与学生接受能力的统一，在案例选取时更加注重知识性与趣味性的统一，凸显教师引领作用与学生主体地位，力求达到学生基础性素质培养与发展性思维培养的完美统一。第二版教材与目前的教学生态相契合，教材载体多样化，呈现形式多元化，为线上线下混合式教学提供了平台，使得课堂教学更高效，师生课内外沟通更便捷。

书中每个单元都设计了"导学"环节，以互动的方式引导学生逐步进入到学习情境之中，其目的是，在学习新知识之前，引导学生认识学习的目的、学习的重点，并通过实例让他们对新知识的功能、方法有一个感性认识，使学习更有针对性；设计了单元学习任务环节，使学生在进入学习前就能明确本单元的学习任务；设计了具有互动特点的"单元总结"环节，使教学总结不再是教师的独角戏，不再是弃之可惜，食之无味的"鸡肋"，这种互动真正巩固和提升了学生的知识和能力，在互动中形成了"再学习"；设计了知识拓展环节，这部分内容作为学生必要的知识补充，丰富了学生的知识量，培养和拓展了学生的编程思维，更赋予了学生想象的空间。本书最大的特点是知识与实践高度融合，在教学过程中，使学生集掌握知识和提升编程能力为一体，学生学习和教师教学形成互动，一气呵成。

本书分为两大部分——基础篇和提高篇。基础篇涵盖了一门高级语言的绝大部分知识，可以使学生了解和熟悉一门高级语言的大部分知识点，掌握最基本的程序设计方法。因此，如果不使用 C 语言进行较深入的程序设计，而单从高级语言知识的角度和编写一般的应用程序的家督来看，内容已基本够用。提高篇重点讲解 C 语言的高级应用，内容偏难，读者可以根据需要选择性地进行学习。本书目录中带有*的章节，其中标题中带一个*的，表示有一定难度，带两个*的，表示难度较高，教师可以根据授课对象及教学目标的不同进行取舍。

本书提供微课视频、课程标准、授课计划、电子教案、教学课件 PPT、学习思维导图、案例源代码、习题答案等丰富的数字化资源，如读者在本书及配套数字化资源的使用过程中有任何意见或建议，可发邮件至编辑邮箱 1548103297@QQ.com 或作者邮箱 hengjunshan@163.com 联系。

本书同时为国家精品资源共享课"C 语言程序设计"的配套教材，读者可以登录爱课程网站（http://www.icourses.cn/home），在"资源共享课"模块中检索承德石油高等专科学校的"C 语言程序设计"课程，进行本课程的注册学习。

本书由衡军山、马晓晨任主编，郑阳平、苏建华任副主编，由于编者水平有限，书中难免存在不足，恳请广大读者不吝赐教。

编　者

2020 年 7 月

▥ 第 1 版前言

　　C 语言是具有悠久历史的计算机语言，并因其具有广泛的应用领域和强大的功能而为编程者所喜爱，但随着 VB、Java、C#等程序设计语言的兴起，C 语言由于其灵活的风格和较难把握的特征好像越来越被忽略了。但瑕不掩瑜，近年来 C 语言强大的底蕴和丰富的编程接口使其又焕发了青春，因此人们又开始渴望学习和掌握 C 语言。如何快速有效地学习 C 语言？这是编者十几年来一直探求的课题。我们虽然已建成国家级精品资源共享课，但探讨与追求快速有效地学习 C 语言方法的行动一直在继续。教材是体现教学内容和教学方法最直接的载体，教材编写的好坏直接影响着教学过程。所以，我们从未停止过对教材的研究与编写，本书凝结着编者们的心血。

　　C 语言是一门计算机语言，对于初学者来说需要跨越心理上和思维方式上的障碍。实际上，像汉语、英语、法语等语言一样，计算机语言也是一门语言，它和人们日常使用的语言非常类似，只是日常应用的语言是人与人之间进行交流的工具，而计算机语言是人与计算机进行交流的工具，所以学习方法也有相似之处。由此看出，学习 C 语言的真正目的就是会用 C 语言，让语言为编程服务。C 语言就是一个利用计算机去解决问题的工具，这就像在学习如何使用钉旋具（俗称螺丝刀）时需要掌握的是如何去用螺丝刀拧螺丝，而不是学习螺丝刀的制作方法、研究螺丝刀的形状、结构、制作材料等。课程教学的主要目的是使学生掌握 C 语言的使用方法，让学生真正具有利用 C 语言解决实际问题的能力，而不是只让学生了解很多 C 语言的细节和深入的语法。培养学生自主学习和应用 C 语言解决实际问题的能力比让学生掌握 C 语言语法重要得多。学习 C 语言不能像学习理论性和知识性课程那样，如果每堂课是逐步地学习并记忆 C 语言的规则、定义，那就太枯燥无味了，也不可能学好 C 语言。因此，是否学好了 C 语言，关键是看能否用好它。要想用好，关键要实践，只有学以致用，从用中学，才能实现高效的学习并取得理想的学习效果。

　　因此，在本书的编写过程中，"淡化语法，强调应用"是我们坚持的一个原则，本书注入了新的教学思想和方法，力争改变过去定义和规则讲授过多的弊端，从现实的具体问题入手，努力把枯燥无味的语言讲得生动、活泼；让学生明白如何分析并解决实际问题，逐渐培养学生程序设计的正确思维模式；注重"通俗性、可接受性"的原则，重点放在程序设计方法上，通常由例题引出一种语法规则，通过一些求解具体问题的程序来分析算法，介绍程序设计的基本方法和技巧，注重易读性和启发性；从最简单的问题入手，通过编写、运行程序来掌握语言的规定和程序设计的方法，然后再分析一些语法细节；所选例题由简到难逐步呈现。

书中每个单元都设计了"导学"环节，以互动的方式引导学生逐步进入到学习情境之中，其目的是，在学习新知识之前，引导学生认识学习的目的、学习的重点，并通过实例让他们对新知识的功能、方法有一个感性认识，使学习更有针对性；设计了本单元学习任务环节，使学生在进入学习前就能明确本单元的学习任务；设计了具有互动特点的"单元总结"环节，使教学总结不再是教师的独角戏，不再是弃之可惜，食之无味的"鸡肋"，这种互动真正巩固和提升了学生的知识和能力，在互动中形成了"再学习"；设计了知识拓展环节，其赋予了学生想象的空间，能使他们飞得更高。本书最大的特点是知识与实践高度融合，在教学过程中，使学生集掌握知识和提升编程能力为一体，学生学习和教师教学形成互动，一气呵成。

本书分为基础篇和提高篇。基础篇涵盖了一门高级语言的绝大部分知识，可以使学生了解和熟悉一门高级语言的大部分知识点，掌握最基本的程序设计方法。因此，如果不使用 C 语言进行较深入的程序设计，而单从熟悉高级语言知识的角度和编写一般应用程序的角度来看，内容已基本够用。C 语言不是普通的高级语言，它已把高级语言的基本结构和语句与低级语言的实用性结合起来。C 语言允许直接访问物理地址，可以直接对硬件进行操作，可以像汇编语言一样对位、字节和地址进行操作，而这三者是计算机最基本的工作单元，对于一般的高级语言来讲是不可能完成这些工作的。因此，有人把 C 语言称为中级语言。提高篇重点讲解 C 语言的高级应用，内容偏难，读者可根据需要选择性地进行学习。本书目录中带*的章节，其中标题中带一个*的，表示有一定难度，带两个*的，表示难度较高，教师可以根据授课对象及教学目标的不同进行取舍。

本书提供微课视频、课程标准、授课计划、电子教案、教学课件 PPT、学习思维导图、案例源码、习题答案等丰富的数字化资源，并提供与教材配套的"智慧职教"学习平台，具体使用方式请扫描本书封面上的二维码或见书后郑重声明页。如读者在本书及配套数字化资源的使用过程中有任何意见或建议，可发邮件至编辑邮箱 1548103297@QQ.com 或作者邮箱 hengjunshan@163.com 联系。

本书同时为国家精品资源共享课"C 语言程序设计"的配套教材，读者可以登录爱课程网站（http://www.icourses.cn/home/），在"资源共享课"板块中检索承德石油高等专科学校的"C 语言程序设计"课程，进行本课程的注册学习。

本书由衡军山、马晓晨任主编，郑阳平、苏建华任副主编，由于编者水平有限，书中难免存在不足，恳请广大读者不吝赐教。

编　者

2016 年 5 月

Ⅲ目 录

第一部分 基 础 篇

第二部分　提　高　篇

第一部分
基 础 篇

1

单元 1 程序设计宏观认识

 导学

　　麻省理工大学计算机系的马丁教授评价说：如果说史蒂夫·乔布斯是可视化产品中的国王，那么丹尼斯·里奇就是不可见王国中的君主。史蒂夫·乔布斯，苹果公司创办人之一。丹尼斯·里奇，C 语言之父。C 语言是计算机编程语言之一，人们现在所使用的浏览器是用 C 语言写的，网络服务器也是用 C 语言写的，也许很多人反驳说他们所使用的是 Java 或者 C++，但其实 Java 和 C++ 是 C 语言的衍生物。除此之外，所有计算机及网络硬件产品的驱动程序都是用 C 语言编写的。所以，如果说乔布斯的贡献在于他如此了解用户的需求和渴求，创造出了让当代人乐不思蜀的科技产品，那么却是丹尼斯·里奇先生所发展的 C 语言为这些产品提供了最核心的部件，才使得计算机或智能终端等硬件设备拥有如此丰富多彩的功能。其实计算机编程语言有很多种，但 C 语言是世界上最流行的程序设计语言之一，也是最优秀的计算机编程语言之一，它既可作为系统描述语言编写系统软件，也可以编写应用软件。

　　预习本单元，完成如下问题：

【问题 1–1】 程序编写如同写文章一样，有其规范的框架结构，简单描述 C 语言程序宏观框架。

_____

_____

_____

【问题 1–2】 编写好的 C 语言程序如何在计算机上运行？

_____

_____

_____

本单元学习任务

从宏观上对 C 语言程序框架、软件开发环境和开发过程有个简单而全面的了解。

1. 了解 C 语言程序宏观框架结构及其特点。

2. 了解在 Visual C++ 6.0 软件开发环境下，C 语言程序开发过程。

3. 简要了解 C 语言程序设计应掌握的知识脉络。

知识描述

文本 单元一 学习思维导图

PPT 单元一 程序设计宏观认识

PPT

微课 1 C 程序基本框架结构

1.1 程序宏观框架结构及构成

1.1.1 程序框架结构

计算机的本质是"程序的机器"。程序设计是软件开发人员的基本能力，懂得程序设计，才会进一步懂得计算机，进而真正了解计算机是如何工作的。通过学习程序设计，进一步了解计算机的工作原理，培养分析问题和解决问题的能力。即使将来不是计算机专业的从业人员，但掌握了程序设计，理解软件生产的特点和生产过程，也就能够与程序开发人员更好地沟通和合作，开展本领域中的有关业务和应用。

学习一门程序设计语言的途径就是阅读程序并使用该语言编写程序。以下通过几个简单的应用实例认识 C 语言程序。

【例 1-1】 在计算机或一些智能终端启动时，经常会出现欢迎界面或提示语，本例将实现在计算机屏幕上显示"欢迎进入 C 语言的世界！"提示信息。

```
#include <stdio.h>                   //包含标准输入输出头文件
void main( )                         //主函数
{ printf("欢迎进入 C 语言的世界！\n");  //调用输出函数在屏幕上显示提示信息
}
```

例 1-1 看上去很简单，却体现了 C 语言程序最基本的程序框架。一个程序分为两部分：第一部分称为"编译预处理"，形如本例中的程序段：

```
#include <stdio.h>
```

第二部分称为"函数组"，形如本例中的程序段：

```
void main( )
{ printf("欢迎进入 C 语言的世界！\n");
}
```

"编译预处理"以"#"开头，其作用是为程序的编写预先准备一些资源信息，供后续程序使用。

例 1-1 中的编译预处理部分只有一条命令#include <stdio.h>，其含义是在程序中包含标准输入输出头文件 stdio.h，该头文件中声明了输入和输出库函数及其他信息，这意味着在后面的程序中将用到该文件中的库函数以实现数据信息的输入和输出。换句话说，如果把 stdio.h 看作是一个电工的工具箱，那么每个"输入输出库函数"就是工具箱中的电工工具，如果电工上岗前不带上工具箱，在工作时就没有工具使用。

"函数组"由多个函数构成，函数是构成 C 语言程序的基本单位，多个函数共同协作完成程序要实现的功能。在函数组中有且仅有一个主函数 main()，整个程序的执行从主函数开始，以主函数为核心展开，函数组中除了主函数外还包括库函数和用户自定义的函数。

例 1-1 中的"函数组"只有一个函数，即主函数 main()，主函数调用库函数 printf() 在屏幕上输出"欢迎进入 C 语言的世界！"提示信息。如同电工带上工具箱后才能使用电工工具一样，要使用库函数 printf() 必须做好预先准备工作，所以在程序的开始位置出现了编译预处理命令——头文件包含命令 #include <stdio.h>。

除了主体框架的"编译预处理"和"函数组"以外，在程序中允许为程序添加注释，以增强程序的可读性。例 1-1 中以"//"为起始的文字描述是程序中的注释。

【例 1-2】　从键盘输入矩形的长和宽，计算并在屏幕上显示该矩形的周长。

源代码
【例 1-2】程序

```
#include <stdio.h>              //包含标准输入输出头文件

void main( )                    //主函数

{  int a,b,c;                   //数据准备，定义整型变量，长为 a，宽为 b，周长为 c

   printf("请输入矩形的长和宽：");  //调用输出函数，显示提示语

   scanf("%d%d",&a,&b);          //数据输入，从键盘输入 a、b 值

   c=2*(a+b);                   //数据计算，将计算的周长赋值给 c

   printf("该矩形周长为：%d.\n",c); //输出结果，调用输出函数输出结果

}
```

通过上述程序可以看出，例 1-2 中程序框架依然是编译预处理和函数组两部分，只是稍复杂些。其中编译预处理部分有一条包含标准输入输出头文件 stdio.h 的命令，为主函数中用到的输出函数 printf()、输入函数 scanf() 做准备；函数组部分只有一个主函数 main()，主函数通过数据准备、数据输入、数据计算、结果输出等语句完成了题目的要求。

通过对例 1-1 和例 1-2 的描述和解读，C 语言程序宏观框架总结如下：

① C 语言程序基本框架包括编译预处理和函数组两部分。

② 编译预处理是程序编译之前的准备工作，以"#"开头。

③ 函数组包括主函数、库函数和用户自定义函数，函数是构成 C 语言程序的基本单位。整个程序的执行以主函数 main() 为核心展开；C 语言标准函数库提供大量功能丰富的库函数，使用时需要在编译预处理中包含相应的头文件，常用库函数参见附录 A；用户也可以根据需要编写具有特定功能的函数，称为用户自定义函数。

④ 在 C 语言中的任何适当位置可添加注释，以增强程序的可读性。在 Visual C++编程环境中可用"//"作为程序单行注释的起始符号，也可以使用"/*"和"*/"作为单行或多行注释的起始和终止符号。

【随堂练习 1-1】

根据上述示例模仿编程，输入正方形的边长，计算其面积。

1.1.2　程序的构成

如同格式规范的文章由字、词、句子、段落逐级构成一样，C 语言程序由标识符、语句、函数等表述形式构成，最终形成完整的 C 语言程序代码。

微课 2　程序的构成

微课 3 标示符
及使用原则

1. 标识符

在例 1-1 和例 1-2 等程序代码中，由 void、main、int、printf、scanf、a、b、c 等一系列符号构成了程序中的语句和函数，这些符号统称为标识符。标识符是用来标识程序中的某个对象的名字的字符序列，这些对象可以是语句、数据类型、函数、变量、常量等。

标识符有：关键字、预定义标识符和用户自定义标识符 3 类。

（1）关键字

在 C 语言编程中，为了定义变量、表达语句功能、对一些信息进行预处理，必须用到一些具有特殊意义的标识符，如 void、int，这些标识符就是关键字。

C 语言中关键字主要有以下 2 类。

① 类型说明符：用来说明变量、函数的类型，如 int、float、char、void 等。

② 语句定义符：用来表示一个语句的功能，如 if、for、while、return 等。

C 语言中常用的关键字信息参见附录 B。

除关键字外，C 语言还有编译预处理命令，用于在编译前对源程序做预处理，如头文件包含预处理命令#include 等。

（2）预定义标识符

预定义标识符是指已经被 C 语言系统预先定义好的具有特定含义的标识符，如程序代码中的函数名 printf、scanf。

（3）用户自定义标识符

在编写程序过程中，用户需要给自定义的符号常量、变量、函数、数组、类型等起名字，这就是用户自定义标识符。用户自定义标识符必须先定义，然后再使用。

用户自定义标识符的命名规则：用户标识符由字母（A~Z，a~z）、数字（0~9）、下画线"_"组成，并且首字符不能是数字。

在用户自定义标识符使用时还应注意以下几点：

① C 语言对大小写字符敏感，所以在编写程序时要注意大小写字符的区分。例如，max 和 Max，C 语言会认为这是两个完全不同的标识符。

② 不能把 C 语言关键字作为用户自定义标识符。

③ 通常不使用预定义标识符作为用户标识符，这样会失去系统规定的原意，造成二义性。

④ 用户自定义标识符的命名应做到简洁明了，尽量做到"见名知意"，这样便于程序的阅读和维护。例如，用 length 表示长度，sum 表示求和。

2. 函数和语句

函数是构成 C 语言程序的基本单位，而语句则是函数的重要组成。函数结构形式如下：

函数返回值类型　　函数名（形式参数）　　//函数首部

{ 说明语句；　　　　　　　　　　　　　　//函数体

　　可执行语句；

```
    }
```

函数的第一行称为函数首部，大括号"{}"括起来的部分称为函数体，函数体由若干语句组成，函数体使用一对大括号"{"和"}"作为定界符。

根据语句在程序中所起的作用可分为说明语句和可执行语句，通过这些语句实现对数据的描述和操作。通常每行只写一条语句，每条语句以";"结束，如果没有写";"，在程序编译时会出现"missing ';'"（忘记';'）的错误提示。

【随堂练习 1-2】

1．下面哪些标识符属于合法的用户自定义标识符？

Main、void、_num、my$、a*、N4、3m、a−2

2．结合例 1-2，指出程序代码中所用到的标识符哪些是关键字，哪些是预定义标识符，哪些是用户自定义标识符。

1.2　程序开发过程及环境

1.2.1　程序开发过程

用 C 语言编写的程序称为源程序，不能被计算机直接识别和执行，需要一种担任翻译工作的程序，即编译程序。通过编译程序把 C 语言程序代码转换为计算机能够处理的二进制目标代码。

从编写 C 语言源程序到运行程序需要经过以下 4 个步骤。

1. 编辑源程序

编辑是指在文本编辑工具软件中输入和修改 C 语言源程序，最后以文本文件的形式存放在磁盘中。编辑可以使用记事本等字处理软件，但通常使用专用的软件开发工具，如 Visual C++和 Visual Studio Express 等，用 Visual C++编辑的源程序存入磁盘后，系统默认文件的扩展名为.cpp。

微课 4　程序开发过程

2. 编译源程序，生成目标程序

编译是将已编辑好的源程序翻译成二进制目标程序。编译是由系统本身的编译程序来完成的，编译过程将对源程序进行语法检查，当发现错误时，会提示错误的类型和出错的程序位置，以便用户修改。直至未发现语法错误时，会自动形成扩展名为.obj 的目标程序。

3. 连接目标程序及其相关模块，生成可执行文件

一个 C 语言应用程序，包含 C 语言标准库函数和模块，各个模块往往是单独编译的，因此，经编译后得到的目标程序不能直接执行，需要把编译好的各个模块的目标程序与系统提供的标准库函数进行连接，生成扩展名为.exe 的可执行文件。连接过程由系统提供的连接程序完成，如果连接过程中出现错误信息，则需要修改错误后重新进行编译和连接，直到生成可执行文件。

4. 运行可执行文件

运行程序，并检查运行结果。如果结果错误，则需要回到第一步检查并修改源程序，再重新编译、连接和运行，直到得到正确的结果。

C 语言程序开发主要经过编辑、编译、连接和执行 4 个步骤，其完整过程描述如图 1-1 所示。

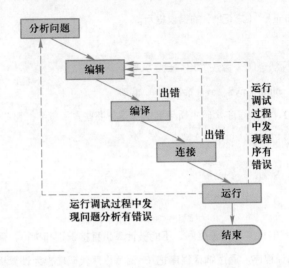

图 1-1
C 语言程序开发步骤

1.2.2　程序开发环境

微课 5　程序开发环境

如同文字编辑处理可以使用 MS Office、WPS Office 等办公软件一样，C 语言程序开发也有许多软件开发工具，如 Visual Studio Express、Visual C++、Turbo C、Borland C/C++ 等。本书以常用的 Visual C++ 6.0（简称 VC++ 6.0）作为程序开发环境。VC++ 6.0 是微软公司推出的一个基于 Windows 系统平台、可视化的软件开发工具，提供了集编辑、编译、连接和运行于一身的集成开发环境。目前，VC++ 6.0 已成为专业程序员使用 C 语言进行软件开发的首选工具。

使用 VC++ 6.0 开发应用程序的步骤，其简单描述如图 1-2 所示。

图 1-2
VC++ 6.0 开发程序的步骤

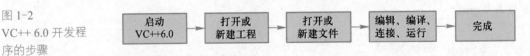

下面以例 1-1 为例，详细描述在 VC++ 6.0 环境下程序开发的步骤。

1. 启动 VC++6.0

选择"开始"→"程序"→"Microsoft Visual Studio 6.0"→"Microsoft Visual C++ 6.0"菜单命令或双击桌面上的 VC++ 6.0 快捷图标，如图 1-3 所示，即可打开 VC++ 6.0 初始用户界面。

图 1-3
VC++ 6.0 菜单及 VC++ 6.0 快捷图标

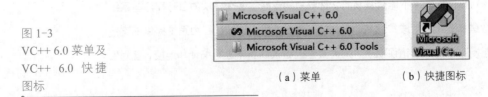

（a）菜单　　　　（b）快捷图标

VC++ 6.0 初始用户界面如图 1-4 所示。

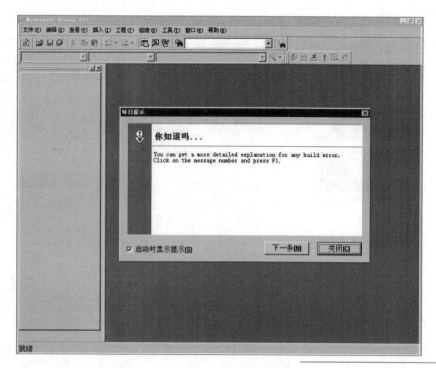

图 1-4
VC++ 6.0 初始
界面

2. 新建工程文件

选择"文件"→"新建"菜单命令，打开"新建"对话框，如图 1-5 所示，在"工程"选项卡的列表框中选择"Win32 Console Application（Win32 控制台应用程序）"选项，在"工程名称"文本框中输入项目名称，如 test，在"位置"文本框中输入或选择项目存放的位置，如"D:\test"，然后单击"确定"按钮。

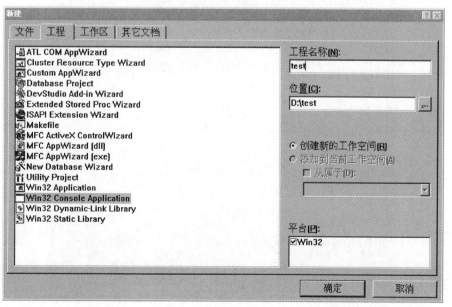

图 1-5
"新建"对话框
"工程"选项卡

在弹出的如图 1-6 所示的"询问"对话框中选中"一个空工程"单选按钮，单击"完成"按钮。

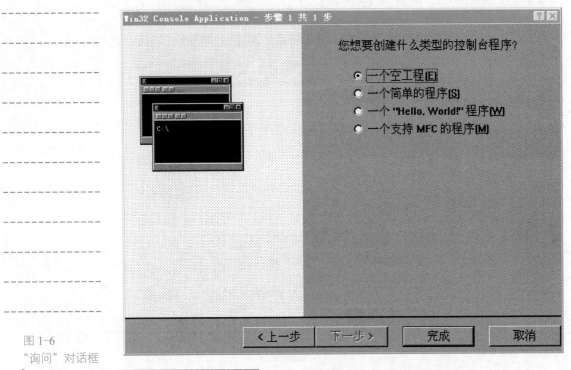

图 1-6
"询问"对话框

在弹出的如图 1-7 所示的"新建工程信息"对话框中单击"确定"按钮，完成建立工程，此时可看到 D 盘将出现新建的工程文件夹 test，文件夹中有工程初始文件。

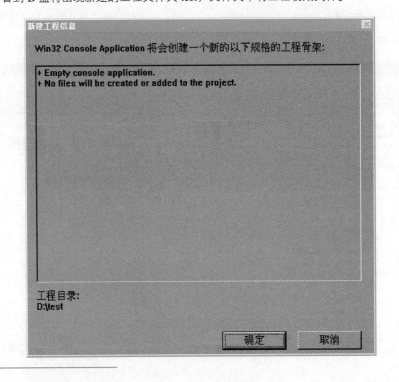

图 1-7
"新建工程信息"
对话框

3. 新建源程序文件

选择"文件"→"新建"菜单命令，打开"新建"对话框，选择"文件"选项卡，如图 1-8 所示，在其列表框中选择"C++ Source File"选项（C++源文件），在"文件名"文本框中输入文件名称，如 c1-1.cpp（扩展名可以省略），在"位置"文本框中输入或选择文件存放的文件夹，单击"确定"按钮后进入程序编辑窗口。

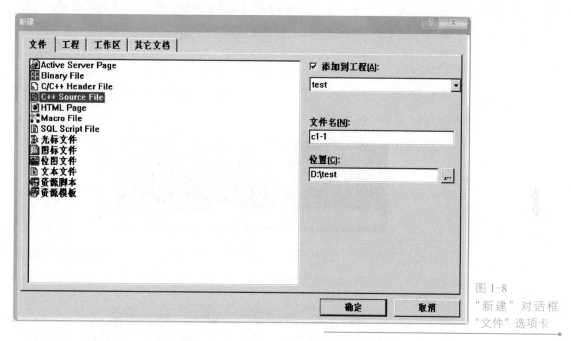

图 1-8
"新建"对话框
"文件"选项卡

程序编辑窗口如图 1-9 所示，编辑完成后选择"文件"→"保存"菜单命令保存文件。此时可看到"D:\test"文件夹中增加了 c1-1.cpp 文件。

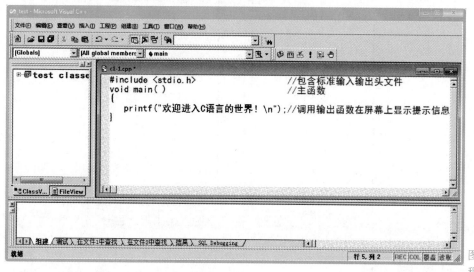

图 1-9
程序编辑窗口

4. 编译源程序文件

选择"组建"→"编译"菜单命令或单击工具按钮 ，开始对文件进行编译，若未出现编译错误，则生成扩展名为 obj 的目标文件；若出现编译错误，则需要根据编辑窗口下方的信息提示栏中的"错误信息"对文件继续编辑修改，直到编译通过为止。此时可看到"D:\test\debug"文件夹中增加了 c1-1.obj 文件。

5. 生成可执行文件

选择"组建"→"组建"菜单命令或单击工具按钮 📖，即可生成扩展名为 exe 的可执行文件。此时可看到"D:\test\debug"文件夹中增加了 test.exe 文件。

6. 执行文件

选择"组建"→"执行"菜单命令或单击工具按钮 ❗ 执行可执行文件。此时，显示程序运行结果，如图 1-10 所示。

图 1-10
程序运行结果界面

在程序开发过程中，可通过工作空间视图 ClassView（类视图）和 FileView（文件视图）查看工程信息，在工程中删除或添加文件，如图 1-11 所示。

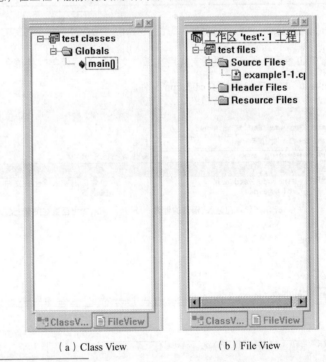

图 1-11
工作空间视图

（a）Class View　　　　　（b）File View

【随堂练习 1-3】

在 VC++ 6.0 环境中完成随堂练习 1-1 程序开发过程，同时查阅工程文件夹，了解相关文件的含义。

1.3　C 语言特点及知识脉络

　　C 语言是目前世界上最流行、使用最广泛的高级程序设计语言之一。对于操作系统、系统使用程序以及需要对硬件进行操作的场合，用 C 语言编程明显优于其他高级语言。C 语言具有绘图能力强、可移植性好、生成目标代码质量高、程序执行效率高、具备很强的数据处理能力等特点，适合编写系统软件、二维三维图形和动画软件、数值计算软件等。

　　平时看到的 C 语言程序主要是各种硬件驱动程序、嵌入式程序（如一些车载导航系统、智能手机系统及应用程序、POS 机系统程序、智能交通等硬件控制程序等）。此外，还有大部分操作系统也主要是由 C 语言写成的。总体来说，需要与硬件打交道的地方大多采用 C 语言进行编程，所以 C 语言的运用价值不是通常的 Windows 可视化桌面应用软件能体现的。

　　C 语言程序设计是面向过程的程序设计，其学习过程可以按照"宏观知识框架"→"微观知识细节"→"程序设计进阶"的自然认知过程进行，以下是按照这种思路给出的 C 语言知识脉络结构图，便于对 C 语言的知识要点和学习过程有一个基本的了解，如图 1-12 所示。

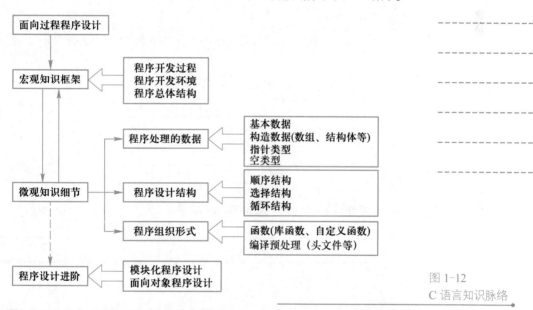

图 1-12
C 语言知识脉络

🕶 单元总结

　　本单元中，核心内容包括 C 语言程序框架结构、程序的构成和程序开发过程。通过本单元的学习，应知道：

　　1. C 语言程序最基本的程序框架由两部分构成，分别是：

　　① _____。

　　② _____。

　　2. C 程序最大的特点就是所有的程序都是用函数来装配的，函数是构成 C 语言程序的基本单位，函数包括主函数、库函数、自定义函数等。函数的一般结构形式为：

_____

_____

_____

_____

_____

3. 标识符是用来标识程序中的某个对象名字的字符序列。C 语言把标识符分为三类，即关键字、预定义标识符、用户自定义标识符。对于用户自定义标识符的命名 C 语言规定：

① 所有的用户标识符必须先定义后使用。

② 用户标识符由_____、_____、_____组成，并且首字符不能是_____。

③ 区分大小写。

④ 不能用关键字作为用户自定义标识符，通常不使用预定义标识符作为用户自定义标识符。

4. 从理论上说，程序开发过程分为 4 个步骤，分别为：

① _____。

② _____。

③ _____。

④ _____。

5. 简述使用 VC++ 6.0 开发应用程序的步骤。

_____

_____

_____

_____

_____

总之，通过本单元的学习，应该掌握 C 语言程序框架结构和程序开发过程，还要对 C 语言程序设计的知识脉络有一定的了解。

📖 知识拓展

C 语言与丹尼斯·里奇

丹尼斯·里奇，全名丹尼斯·麦卡利斯泰尔·里奇，美国计算机科学家，C 语言之父（图

1-13），对 C 语言、其他编程语言和UNIX等操作系统的发展做出了巨大贡献。丹尼斯·里奇在哈佛大学学习物理学和应用数学。1967 年，他进入贝尔实验室，曾担任朗讯科技公司贝尔实验室下属的计算机科学研究中心系统软件研究部主任一职。1983 年他与肯·汤普逊一起获得了图灵奖，获奖理由是研究发展了通用的操作系统理论，尤其是实现了 UNIX 操作系统。1999 年两人因为发展 C 语言和 UNIX 操作系统，一起获得了美国国家技术奖。

图 1-13
丹尼斯·里奇

　　丹尼斯·里奇身上有很多可贵的品格：首先，他对所做的事十分感兴趣。例如，创造出 UNIX 的初衷并非为了挣钱，事实上刚开始是为了省钱，或者将他们的游戏装到一个更省钱的机器里。第二，跳出舒适区工作。丹尼斯·里奇原本是一个物理学家和数学家，但是，他却成了最具传奇的程序员。很显然，他的专业背景为他研发出 C 语言或者 UNIX 起了很大帮助，正如丹尼斯·里奇所言："要不惧工作在一个陌生的领域里。"如果丹尼斯·里奇花了数十年的时间在晦涩的数学上，或许 UNIX 就会胎死腹中。第三，有创新思维。丹尼斯·里奇利用贝尔实验室资金、技术、员工等资源条件，用自己的创新性思维，与他的朋友按照自己的时间安排来研发他们想要的东西。最后，要懂得分享。现在许多企业都喜欢保密，将自己的核心技术藏匿起来，这在丹尼斯·里奇看来都是不成功的。而直到 1999 年，丹尼斯·里奇被授予美国国家技术和创新奖，一项被认为是技术人员最高的荣誉奖项之后，他在计算机方面的成就和影响才被正式注意到。

　　著名的计算机科学家尼克劳斯·沃思评价他说：丹尼斯·里奇先生的专业精神令人感动，40 年如一日，在他所从事的领域辛勤耕耘；他的多项发明，包括 C 语言、UNIX，也包括 Plan9，无论哪一项，在软件发展史上都有着举足轻重的地位；和他的伟大成就形成对照的是他的行事，态度低调，他的表达，像他的软件一样，简洁生动而准确。

　　丹尼斯·里奇先生的同事布莱恩·克尼汉评价说：牛顿说他是站在巨人的肩膀上，如今，我们都站在丹尼斯·里奇的肩膀上。这句话，应该是对丹尼斯·里奇先生的一生最有力也是最中肯的评价。

　　2011 年 10 月 9 日，丹尼斯·里奇去世，享年 70 岁。

　　2011 年 10 月 13 日，在众多的国际互动论坛上，计算机爱好者们以特有的方式纪念这位编程语言的重要奠基人。许多网友的发帖中没有片言只字，仅仅留下一个分号"；"。在C语言中，分号标志着一行指令语句的结束，网友们以此来悼念"C语言之父"，美国著名计算机科学家丹尼斯·里奇所引领的时代远去。

C 语言是使用最广泛的语言之一,可以说,C 语言的诞生是现代程序语言革命的起点,是程序设计语言发展史中的一个里程碑。自 C 语言出现后,以 C 语言为根基的 C++、Java 和 C#等面向对象语言相继诞生,并在各自领域大获成功。但今天 C 语言依旧在系统编程、嵌入式编程等领域占据着统治地位。

TIOBE 公司每月发布一次世界编程语言排行榜,该排行榜是根据世界范围内的资深软件工程师、课程和第三方厂商的数量,并使用搜索引擎(如 Google、Bing、Yahoo!、百度)以及 Wikipedia、Amazon、YouTube 统计出排名数据,其结果作为当前业内程序开发语言的流行使用程度的有效指标。从排行榜发布之初到现在,C 语言因其突出的优点和广泛的应用一直处于领先地位,见表 1-1。

表 1-1　TIOBE 公司 2020 年 6 月世界编程语言排行榜

2020 年 6 月	2019 年 6 月	排名变动	编程语言	市场份额(%)	同期比(%)
1	2	∧	C	17.19	+3.89
2	1	∨	Java	16.10	+1.10
3	3	—	Python	8.36	−0.16
4	4	—	C++	5.95	−1.43
5	6	∧	C#	4.73	+0.24
6	5	∨	Visual Basic	4.69	+0.07
7	7	—	JavaScript	2.27	−0.44
8	8	—	PHP	2.26	−0.30
9	22	∧	R	2.19	+1.27
10	9	∨	SQL	1.73	−0.50
11	11	—	Swift	1.46	+0.04
12	15	∧	Go	1.02	−0.24
13	13	—	Ruby	0.98	−0.41
14	10	∨	Assembly language	0.97	−0.51
15	18	∧	MATLAB	0.90	−0.18
16	16	—	Perl	0.82	−0.36
17	20	∧	PL/SQL	0.74	−0.19
18	26	∧	Scratch	0.73	+0.20
19	19	—	Classic Visual Basic	0.65	−0.42
20	38	∧	Rust	0.64	+0.38

单元 2　程序设计基础知识

导学

通过编程解决问题，其本质是对数据的操作，这些数据可能是数学问题中的数值，可能是信息处理中的文字、声音或视频。随着大数据时代的到来，数据的数量变得越来越庞大，其表现形式也变得纷繁复杂。要想成功编写一个 C 语言程序，数据的准确表示、数据间运算的准确描述是基础。那么在 C 语言中如何表示数据？如何描述数据间的运算呢？

【引例】某超市举行店庆活动，所有商品 9.5 折销售。根据商品单价 p 及购买数量 n，计算商品实付金额 c。

试分析，在这个问题中涉及哪些数据：_____；

其中已知量有：_____；未知量有：_____。

预习本单元，完成如下问题：

【问题 2-1】　在程序代码中，如何表示上述数据？

_____

【问题 2-2】　对于实付金额 c 的计算表达式如何描述？

_____

本单元学习任务

1. 了解 C 语言中基本的数据类型。

2. 学会表示和使用不同类型数据的常量与变量。

3. 掌握不同运算符的运算规则，会正确书写常见表达式。

4. 了解算法的含义，了解程序设计中的 3 种基本程序结构及其流程图的绘制。

知识描述

文本 单元二 学习思维导图

PPT 单元二 程序设计基础知识

微课 6 基本数据类型

源代码
【例 2-1】程序

2.1 数据表示

2.1.1 数据类型

任何编程语言在程序设计时都离不开数据，将数字、文字和单词输入计算机，目的是希望计算机能够处理这些数据。使用 C 语言处理数据信息时，需要明确数据到底是什么类型，以便分配合适的存储空间，并按照相应的规则进行操作。所以在程序编写时要对数据进行明确的类型说明。

【例 2-1】 计算并输出半径为 r 的圆的面积。

```c
#include <stdio.h>                       //包含标准输入输出头文件
void main( )                             //主函数
{  float r,area;                         //数据准备，定义半径 r 和面积 area
   printf("请输入半径：");                 //提示语
   scanf("%f",&r);                       //输入半径值 r
   area=3.14*r*r;                        //数据计算，将结果赋值给 area
   printf("该圆的面积为：%f.\n",area);     //结果输出，输出面积值
}
```

例 2-1 主函数中首先定义了变量半径 r 和面积 area，然后利用输入库函数 scanf()输入半径 r 值，接下来根据圆的面积公式计算得到面积 area，最后利用输出函数 printf()显示输出结果。

在程序中，将未知量（变量）半径 r 和面积 area 明确定义为 float 浮点型（也称为实型，即小数），同时也使用到了已知量（常量）π，该已知量也为浮点型。程序运行时，系统根据数据的类型进行计算处理。

C 语言能处理多种类型的数据，但其最基本的数据类型只有：整型、浮点型（小数）和字符型 3 种。这些数据或者是已知的不变的量，称为常量；或者是未知的可变的量，称为变量。常量的类型根据书写方法自动默认，而变量的类型需要在变量定义时说明。

1. 整型

整型又可分为有符号（正或负）的基本整型、短整型、长整型及其相应的无符号类型。各种整数类型的符号表示、所占存储空间大小及数的范围见表 2-1。

表 2-1 整 型 数 据

名　　称	符　　号	存储空间/B	数 的 范 围
短整型	short	2	$-32768\sim+32767$（$-2^{15}\sim+2^{15}-1$）
基本整型	int	2	$-32768\sim+32767$（$-2^{15}\sim+2^{15}-1$）
		4	$-2147483648\sim+2147483647$（$-2^{31}\sim+2^{31}-1$）

续表

名　称	符　号	存储空间/B	数 的 范 围
长整型	long	4	−2147483648～+2147483647（−2^{31}～+2^{31}−1）
无符号短整型	unsigned short	2	0～65535（0～2^{16}−1）
无符号基本整型	unsigned int	2	0～65535（0～2^{16}−1）
		4	0～4294967295（0～2^{32}−1）
无符号长整型	unsigned long	4	0～4294967295（0～2^{32}−1）

有符号数在内存中存放时，以补码表示，并用最高位存放符号位，负数用 1 表示，非负数用 0 表示；无符号数在内存中存放时，以其原码（即数值本身的二进制形式）表示。

基本整型和无符号基本整型在 VC++ 6.0 环境中占 4B（32 位）存储空间，而在 Turbo C 环境中，则占 2B。

2. 浮点型

浮点型又分为单精度和双精度。其符号表示、所占存储空间大小、有效数字及数的范围见表 2-2。

表 2-2　浮点型数据

名　称	符　号	存储空间/B	有 效 数 字	数的绝对值范围
单精度浮点型	float	4	6～7	3.4×10^{-38}～3.4×10^{38}
双精度浮点型	double	8	15～16	1.7×10^{-308}～1.7×10^{308}

微课 7　不同类型常量描述

3. 字符型

字符型数据涵盖了 ASCII 码字符集中每一个字符，包括可直接显示的字符和 32 个控制字符，参见附录 C。字符型用 char 表示，占存储空间 1B（8 位），实际上存放的是该字符所对应的 ASCII 码值（一个整数），所以字符型和整型的关系非常特殊，二者经常"混搭"，如 'A'+1 代表字母'B'。

2.1.2　常量

常量按照数据类型来分有整型常量、浮点型常量、字符常量和字符串常量；按照表现形式来分有直接常量和符号常量。

1. 直接常量

例 2-1 中用到的小数 3.14，是程序中直接描述的一个数值，这种数值描述方式称为直接常量。除此以外，C 语言中还有整型常量、实型常量、字符常量和字符串常量等常量类型。

（1）整型常量

整型常量有十进制、八进制和十六进制 3 种表示方式，见表 2-3。

表 2-3　整型常量的不同表示方式

表 示 方 式	前置符号标志	构　成	示　例
十进制	无	0～9，正负号	65，−57
八进制	0	0～7，正负号	032，027，−033
十六进制	0x 或 0X	0～9，a～f（或 A～F），正负号	0x101，0Xff

整型常量默认为基本整型，可以在整型常量后加小写字母 l 或大写字母 L 得到相应的长整型常量。

（2）浮点型常量

浮点型常量有十进制小数和指数形式两种表示方式，见表2-4。

表 2-4　浮点型常量的不同表示方式

表 示 方 式	符 号 标 志	构 成	示 例	规 则
十进制小数	小数点.	0～9、正负号和小数点	1.23，.23，-1.	必须有唯一的小数点
指数	字母 e 或 E	0～9、正负号、e 或 E	1.23e3，1.23E3	字母 e 或 E 前必有数，e 或 E 后必为整数

浮点型常量默认为双精度，在 VC++ 6.0 环境中，浮点型常量在内存中占 8B。

（3）字符型常量

用单撇引号括起来的单一字符称之为字符型常量。字符型常量除了包括大多数可直接描述的字符外，还包括 32 个控制字符。通常控制字符以及 C 语言中被用作特殊含义的字符用转义字符表示。转义字符表示时以反斜杠 "\" 作为标志符号。字符型常量在内存中占 1B。

常见的转义字符及其含义见表2-5。

表 2-5　常见的转义字符

表 示 形 式	含 义
\n	回车换行（将光标移到下一行开头）
\t	横向跳格（Tab）
\b	退格（将光标前移一列）
\f	换页（FF），将当前位置移到下页开头
\a	响铃（BEL）警告（产生声音提示信号）
\\	输出反斜杠\
\'	输出单引号'
\"	输出双引号"
\0	空字符（NUL）
\ddd	ddd 为 1 至 3 为八进制数，如\101'代表 A，'\37'代表▼符号
\xhh	Hh 为 1 至 2 位十六进制数，如'\x1E'代表▲符号

【例2-2】

① 'a'、'B'、'9'、'*' 是合法的直接字符常量。

② 单引号、双引号和反斜杠等具有特殊用途的字符只能用转义字符表示，即'\''、'\"'、'\\'。

③ '\n'、'\017'、'\x01' 是合法的转义字符常量，分别代表回车换行、☼和☺。

（4）字符串常量

在例 2-1 提示语输出语句 printf("请输入半径：");中，"请输入半径："就是一个字符串常量。字符串常量就是用双撇引号括起来的一串字符序列，字符串中含有的字符个数是该字符串的长度。字符串存储时，每个字符占 1 个字符，并在字符串的结尾自动加上一个字符串结束标志'\0'，因此字符串的存储长度比字符串的字符个数多 1。

2. 符号常量

符号常量是指用符号代表某个常量。

【例 2-3】使用符号常量实现例 2-1——计算并输出半径为 *r* 的圆的面积。

微课 8　符号常量的用法

```
#include <stdio.h>
#define PI 3.14        //定义符号常量 PI 代表 3.14
void main( )
{  float r,area;
   printf("请输入半径：");
   scanf("%f",&r);
   area=PI*r*r;
   printf("该圆的面积为：%f.\n",area);
}
```

源代码
【例 2-3】程序

程序代码和例 2-1 相似，唯一不同的是对于常量 π 的表示方法。例 2-4 程序代码中将常量 π 值 3.14 定义为符号常量 PI，在程序中凡是使用到 π 值 3.14 的地方，均用 PI 代替。这样做的好处在于当 π 值的精度需要调整时，如 π 值改为 3.1416，这时只需把 "#define PI 3.14" 改为 "#define PI 3.1416"，而不必对整个程序进行修改。

在编写程序时，使用符号常量来代替程序中多次出现的常量，能减轻程序编写和调试的工作量。

符号常量使用编译预处理中的 "宏定义" 命令定义，其格式如下：

#define　符号常量标识符　常量值

符号常量标识符通常大写，以便和其他标识符相区别。另外，宏定义命令和头文件包含命令一样都属于编译预处理，需要写在程序开头位置。

【随堂练习 2-1】

1．判断下列常量表示是否正确。

（1）整型常量：32768、037、081、0x4f、0xAH

（2）浮点型常量：.124、3.0、1e3、2.3E1.5

（3）字符型常量：'a'、'101'、65、'\x21'

2．字符串常量 "How are you?\n" 的字符串长度为_____B，它占用的存储空间为_____B。

3．文件路径 "d:\windows\info.txt" 在程序设计时应描述为_____。

4．在编程处理物理力学相关运算时，常将重力加速度 G 定义为符号常量，其定义语句可描述为：_____。

2.1.3 变量

微课9 变量的
定义及初始化

在例 2-1 和例 2-3 的主函数中，都用到了半径 r 和面积 area 两个量，这两个量的值不确定，依程序运行情况而变化。像这种在程序运行过程中其值可以改变的量称为变量。

变量必须先定义，后使用。如例 2-1 和例 2-3 的主函数中，先通过语句 float r,area;定义了两个浮点型变量半径 r 和面积 area，其后的程序语句中才能够使用变量 r 和 area，否则在程序编译时会出现 "undeclared identifier"（未声明标识符）的错误提示。

程序编写时，根据数据需求分析将变量定义为合适的数据类型。变量定义的一般格式为：

类型标识符 变量名 **1**,变量名 **2**,…,变量名 n;

其中类型标识符为变量的类型，其符号表示参照 2.1.1 数据类型中的描述；变量名为给变量所起的合法名字。

【例 2-4】

```
① float r,area;            //定义单精度浮点型变量 r 和 area
② double a,b,c;            //定义双精度浮点型变量 a、b 和 c
③ int i=1,s;              //定义两个整型变量，同时给变量 i 初始化，赋初值 1
④ unsigned long m,k;      //定义两个无符号长整型变量 m 和 k
⑤ char ch;               //定义一个字符型变量 ch
```

变量定义时，可以为变量初始化一个值，如 int i=1;，对于没有初始化值得变量，其初始值随机分配。对于每个变量，系统会根据变量的类型分配相应的存储空间。

【随堂练习 2-2】

1．下列变量定义中合法的是_____。

（1）long do=0xfd;（2）int max=min=0;（3）double f, int a;（4）char ch="A";

2．若要根据定期存款数额 c、存款期限 m 和相应的利率 r，编程计算本息合计 s，则变量定义语句可描述为_____。

2.2 数据操作

2.2.1 运算符与表达式

在例 2-1 的程序代码中，有这样一条数据操作语句：

```
area=3.14*r*r;            //数据计算，将结果赋值给 area
```

通过注释可以看出，表达式 3.14*r*r 计算的是圆的面积，同时将计算结果赋值给变量 area。计算圆的面积用到了算术运算中的乘法运算，赋值操作用到了赋值运算。

C 语言提供了丰富的运算符，不同运算符共存于同一个表达式中时，存在一个计算优先级的问题，此时应先执行 "优先级别" 高的运算符。运算符的种类及其优先级详见附录 D。

本单元介绍最为常用的算术运算符和赋值运算符及其表达式，其他运算符在以后的各单

微课10 算术、
赋值运算符及其
表达式

元中会陆续学到。在学习过程中，要注意比较这些运算符的使用规则与人们常规思维上的差异。

1. 算术运算符和表达式

最常见的算术运算符见表 2-6。

表 2-6　常用算术运算符

运算符	含　　义	举　　例	结　　果	说　　明
+	加法运算符	$a+b$	a 与 b 的和	无
-	减法运算符	$a-b$	a 与 b 的差	无
*	乘法运算符	$a*b$	a 与 b 的乘积	由于键盘无×号，乘法运算以*代替
/	除法运算符	a/b	a 除以 b 的商	由于键盘无÷号，除法运算以/代替。注意：两个整数相除的结果为整数，如 3/2 的结果为 1，含去小数部分
%	求余运算符	$a\%b$	a 除以 b 的余数	求余运算%仅用于整数间的运算，若存在负整数，则余数的正负号与被除数相同，如 -3%2 的结果为 -1
++	自增 1 运算符	$a++$或$++a$	使 a 的值加 1	++和--为单目运算，且只能用于单一变量运算； ++a 和 --a，是在使用 a 之前，先使 a 的值加 1 或减 1；
--	自减 1 运算符	$a--$或$--a$	使 a 的值减 1	a++和 a--，是在使用 a 之后，再使 a 的值加 1 或减 1

【例 2-5】 分析程序输出结果。

```c
#include <stdio.h>
void main( )
{   int a=3,b=-5,i=2,j=2;
    printf("%d,%d,%d,%d,%d\n",a+b,a-b,a*b,a/b,a%b);
    printf("%d,%d,%d,%d\n",a++,b--,++i,--j);
    printf("%d,%d,%d,%d\n",a,b,i,j);
}
```

程序中的第 1 条输出语句输出变量 a 和 b 之间的 5 种基本运算，第 2 条语句输出变量 a、b、i、j 的自加或自减运算，第 3 条语句输出最终的 4 个变量的值。

程序输出结果如图 2-1 所示。

```
-2,8,-15,0,3
3,-5,3,1
4,-6,3,1
```

图 2-1　输出结果

由算术运算符和数据构成的表达式称为算术表达式。较复杂的算术表达式描述时，会用到括号和数学函数。当算术表达式中需要使用括号时，只能用合理匹配的小括号 "( )"；当算术表达式中需要使用数学函数时，需要包含头文件 math.h。

2. 赋值运算符和表达式

最基本的赋值运算符是 "="，由赋值运算符和数据构成的表达式称为赋值表达式。

一般格式为：

> 变量 = 表达式

其含义是将表达式的值赋值给 "=" 左侧的变量，也就是说将表达式的值存入 "=" 左侧变量所对应的存储单元。如例 2-6 中的 $a=3$，就是将 3 存入变量 a 所对应的存储单元中。

在赋值运算符 "=" 之前加上某些特定的运算符，可构成复合赋值运算符，例如：

```
s+=i;           //等价于 s=s+i;
s-=i;           //等价于 s=s-i;
s*=i+1;         //等价于 s=s*(i+1);
```

可以看出，使用复合赋值运算符可以使赋值语句变得简洁。

2.2.2　类型转换

微课 11　数据类型转换

不同类型的数据共存于同一个表达式中时，按照 C 语言的规则要转换成同一类型。转换规则如图 2-2 所示。

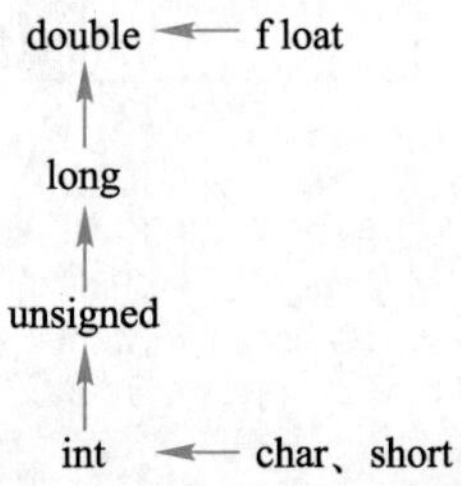

$$double \longleftarrow float$$
$$\uparrow$$
$$long$$
$$\uparrow$$
$$unsigned$$
$$\uparrow$$
$$int \longleftarrow char、short$$

图 2-2
类型转换规则

其中 "←" 方向表示必定的转换，即 char 和 short 类型必定先转换成 int 类型，而 float 类型必定先转换成 double 类型。"↑" 方向表示当运算对象为不同类型时转换的方向，如 int 类型和 doulbe 类型数据进行运算，则 int 类型数据会转换成 double 类型数据。

以上的转换是编译系统自动完成的，用户不必参与。在 C 语言中，还可以把一种类型的数据强制转换为另一种类型的数据。强制类型转换的一般格式为：

> (类型标识符)(表达式)

其含义是将表达式值的类型强制转换为类型标识符所描述的类型。

重点提示：

① 当表达式为单一常量或变量时，表达式两侧的括号()可以省略。

② 当浮点型数据转换为整数时，系统采用的是直接截断的方式，而不是四舍五入。

③ 对变量进行强制转换后，变量本身的数据类型不变，而是得到一个所需类型的数据。

【例 2-6】

① 表达式 (int)2.6 的结果是 2，而不是 3。

② double *a*=3.14；int *b*；*b*=(int)*a*；，执行该语句后，变量 *b* 的值为 3，变量 *a* 的值还是 3.14，并且变量 *a* 的类型也不改变，依旧是 double 类型。

【随堂练习 2-3】

1．有定义语句：char ch='M';，写出将变量 ch 变为小写字母的表达式：＿＿＿＿＿＿＿。

2．变量 *s* 表示一个百分制考试成绩，获取其 10 位数码的表达式为：＿＿＿＿＿＿＿。

2.3　算法与结构化程序设计

2.3.1　算法及其描述

1．算法的概念

对于计算机程序可处理的问题来说，程序中所用到的数据以及对这些数据的类型和数据组织形式的描述称之为 "数据结构"，对数据处理所采用的方法和步骤等操作的描述称为 "计算机算法"。数据结构可分为线性的和非线性的；计算机算法可分为数值运算算法和非数值运算算法。作为程序设计人员，必须认真考虑和设计数据结构和操作步骤（即算法）。著名计算机科学家尼克劳斯·沃思（Nikiklaus Wirth）提出一个公式：

程序=数据结构+算法

直到现在，对于面向过程的程序设计来说这个公式依然适用。

下面以例 2-1 为例，分析其程序实现需要包括的两方面信息：数据结构和算法。

（1）数据结构

例 2-1 要求计算半径为 *r* 的圆的面积。需要的数据包括半径、圆的面积以及圆周率的值，其中圆周率为浮点型常量，半径和圆的面积为未知量，这就需要准备两个变量分别存放半径和圆的面积，通过分析可以看出，这两个变量的类型为浮点型比较合适。其用到的数据结构比较简单，即 3 个单独的浮点型数据。

（2）算法

根据题目要求，用 *r* 表示半径，area 表示面积，其算法表示如下：

步骤 1：输入半径 *r* 值；

步骤 2：根据圆的面积公式计算 area；

步骤 3：输出圆的面积计算结果。

上述算法描述基本准确，但也有一些缺陷。例如，当输入的半径值 *r* 为非法的数值时（如输入的是字母），计算结果将是异常的数。随着课程内容的逐步推进，可以对上述算法进一步优化。

对于同一个问题可以有不同的解题方法和步骤，也就是有不同的算法。算法有优劣，一般来说，算法的设计应充分考虑执行效率和内存开销，即算法的时间复杂度和空间复杂度。

2. 算法的描述

算法的描述有多种方法，常用的算法描述有自然语言、流程图、伪代码等方法。其中最为常用的是流程图。

流程图描述算法，是用一些规定图框表示各种操作，用箭头表示算法流程，这种描述方法直观形象、易于理解。美国国家标准学会（ANSI）规定了一些常用的流程图符号，已被软件开发人员普遍采用，见表 2-7。

表 2-7　流程图符号

图 形 符 号	名　称	含　义
	起止框	算法的起点和终点，是任何流程图必不可少的
	输入、输出框	数据的输入和输出操作
	处理框	各种形式数据的处理
	判断框	判断条件是否成立，成立时在出口处标注"是"或"Y"，不成立时标注"否"或"N"
	特定过程	一个特定过程，如函数
	流程线	连接各个图框，表示执行的顺序
	连接点	表示与流程图其他部分相连

一般情况下，在编写一个复杂的程序之前，先画出流程图，它是程序实现方法的形象描述。流程图的每一个框表示一段程序（包括一条或多条语句）的功能，各框内写明要做的事情，说明要简洁、准确。

对例 2-1 的算法描述改用流程图的方法表示，如图 2-3 所示。

图 2-3
例 2-1 算法流程
图（顺序结构）

该流程图可进一步优化，如图 2-4 所示。

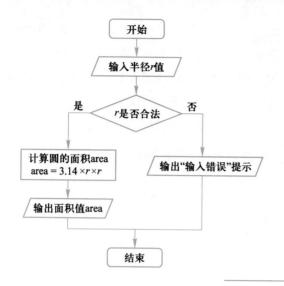

图 2-4
例 2-1 算法流程
图（选择结构）

2.3.2　基本程序结构

在 C 语言中，对于每一个程序设计单元可采用结构化程序设计方法，有 3 种基本的程序结构。

1.　顺序结构

顺序结构指算法的实现过程按照相应的步骤依次顺序执行，直至结束，如图 2-3 所示。顺序结构是最简单的一种基本结构。

2.　选择结构

又称为分支结构，此结构中必包含一个条件判断，根据判断结果从两种或多种路径中选择其中的一条执行。如图 2-4 所示，当输入半径 r 后，选择判断 r 值的合法性，然后根据判断结果执行相应的路径。

3.　循环结构

又称重复结构，其含义是当条件允许时，反复执行某些操作。以例 2-1 为例，如果对该题目提出新的要求：每计算完一个半径 r 所对应的圆的面积之后，询问"是否继续？"，如果回答"是"则重新输入半径 r 值，并计算对应的圆的面积，直到回答"否"为止。此时，例 2-1 的算法描述如图 2-5 所示。

一个结构化的算法是由顺序结构、选择结构、循环结构等基本结构组成的，3 种基本程序结构的应用并不是孤立的，而是交织在一起的。另外，算法的设计与软件开发语言具有无关性，在此部分后续 3 个单元中，将分别讲述 C 语言环境中，如何描述 3 种基本的程序结构。

2.3.3　结构化程序设计及原则

结构化程序设计（Structured Programming）概念最早由迪杰斯特拉在 1965 年提出，是软件发展的一个重要的里程碑。结构化程序设计主要强调的是程序的易读性，它的主要观点是一个程序的任何逻辑问题都可由顺序、选择、循环 3 种基本控制结构构造。结构化程序设计的特点是结构化程序中的任意基本结构都具有唯一入口和唯一出口，并且程序不会出现死循环。在程序的静态形式与动态执行流程之间具有良好的对应关系。按照结构化程序设计的观点，任何算法功能都可以是 3 种基本程序结构的组合。

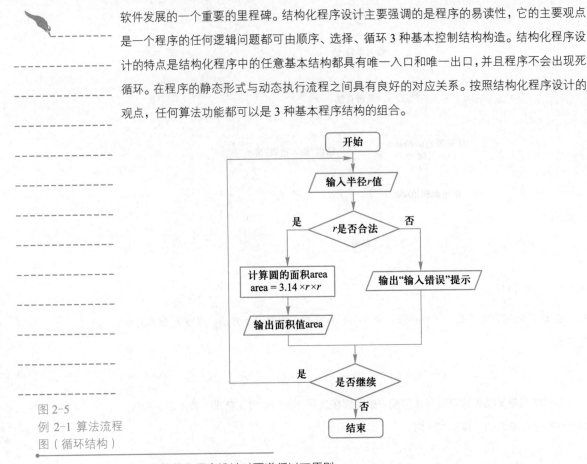

图 2-5
例 2-1 算法流程
图（循环结构）

在结构化程序设计时要遵循以下原则。

① 自顶向下：程序设计时，应先考虑总体，后考虑细节；先考虑全局目标，后考虑局部目标。不要一开始就过多追求细节，先从最上层总目标开始设计，逐步使问题具体化。

② 逐步细化：对复杂问题，应设计一些子目标作为过渡，逐步细化。

③ 模块化设计：一个复杂问题，肯定是由若干稍简单的问题构成。模块化是把程序要解决的总目标分解为子目标，再进一步分解为具体的小目标，把每一个小目标称为一个模块。

④ 限制使用 goto 语句：结构化程序设计方法的起源来自对 goto 语句的认识和争论。肯定的结论是，在块和进程的非正常出口处往往需要用 goto 语句，使用 goto 语句会使程序执行效率提高；否定的结论是，goto 语句是有害的，是造成程序混乱的祸根，程序的质量与 goto 语句的数量呈反比，所以应该在所有高级程序设计语言中取消 goto 语句。取消 goto 语句后，程序易于理解、易于排错、易于维护、易于进行正确性证明。

结构化程序设计减少了程序的复杂性，提高了可靠性、可测试性和可维护性。使用少数基本结构，使程序结构清晰，易读易懂，容易验证程序的正确性。对于一个初学计算机语言的人而言，最重要的就是要有正确的程序流程概念，不仅懂得而且要灵活应用，还要使用结构化程序设计流程控制语句实现结构化程序设计。

单元总结

本单元中，核心内容有 C 语言中基本的数据类型、常量和变量、运算符和表达式以及算法的概念。通过本单元的学习，应知道：

1. C 语言中最基本的数据类型有：_____、_____、_____。

2. C 程序中使用的常量按照表现形式可分为直接常量和符号常量。

（1）直接常量

① 整型常量，有十进制、八进制和十六进制 3 种描述方式，其中，八进制的前置符号标志为_____，十六进制的前置符号标志为_____。

② 浮点型常量，有十进制小数和指数两种描述方式，其中，指数形式的符号标志是_____。

③ 字符型常量，是用单撇引号括起来的单一字符，对一些特殊字符和控制字符用____的形式表示。

④ 字符串常量，是用双撇引号括起来的一串字符序列。字符串的结束标志为_____。

（2）符号常量

符号常量是使用某个符号代表的常量，符号常量使用编译预处理中的宏定义命令_____进行定义。

3. C 程序中使用变量时，必须先_____，后_____。变量定义后，系统会根据变量的类型分配相应的存储空间。

4. C 语言有丰富的运算符，其中算术运算符包括+、−、*、/、%，运算符中的_____仅用于整数间的运算；赋值运算符包括"="和相应的复合赋值运算符_____、_____、_____、_____、_____，赋值运算的含义是将"="右侧的表达式的计算结果赋值给"="左侧的变量，这与数学中"="的含义不同，需要注意。

5. 由运算符和数据构成表达式，若表达式中各数据的类型不同，则存在类型自动转换问题，必要时也可以使用强制类型转换，基本格式为_____。

6. 对于面向过程的程序设计来说，程序=_____+_____。

7. 在 C 语言中，对于每一个程序设计单元可采用结构化程序设计方法，有 3 种基本的程序结构，分别为_____、_____和_____。

通过本单元的学习，应该掌握 C 语言程序设计所需要的基本知识，为后续内容的学习打下坚实的基础。

📖 **知识拓展**

微课 12 一位运
算符的使用

位 运 算

与硬件检测或硬件控制相关的程序设计中，常常涉及对硬件进行编程，在系统软件中，也常常要处理二进制位的问题。例如，将一个内存单元中的数据按二进制左移或者右移一位、两个数按位进行异或处理等。这些处理是对数据按二进制位进行的运算操作，称之为位运算。在许多老的微处理器上，位运算比加减运算略快，通常位运算比乘、除法运算要快很多。在现代架构中，情况并非如此，位运算的运算速度通常与加法运算相同，但仍然快于乘法运算。

C 语言中位运算符见表 2-8。

表 2-8　C 语言中位运算符

操 作 符	作 用	优 先 级
~	按位取反	1（高）
<<	左移	2
>>	右移	2
&	按位逻辑与	3
^	按位逻辑异或	4
|	按位逻辑或	5（低）

扩展的位运算符见表 2-9。

表 2-9　C 语言扩展的位运算符

扩展操作符	表 达 式	等价的表达式
<<=	a<<=n	a=a<<n
>>=	a>>=n	a=a>>n
&=	a&=b	a=a&b
^=	a^=b	a=a^b
|=	a|=b	a=a|b

按位运算是对字节或字中的实际位进行检测、设置或移位，位运算的运算对象只能是整型或字符型数据，位运算把运算对象看作是由二进制位组成的位串信息，按位完成指定的运算，得到位串信息的结果。

1. 求反运算

求反运算符 ~ 为单目运算符，具有右结合性。其功能是对参与运算的数的各二进位按位求反。

2. 左移运算

左移运算符 "<<" 是双目运算符。左移 n 位就是乘以 2^n。其功能是把 "<<" 左边的运算数的各二进位全部左移若干位，由 "<<" 右边的数指定移动的位数，高位丢弃，低

位补 0。例如，$a<<4$ 指把 a 的各二进位向左移动 4 位，如 $a=00000011$（十进制 3），左移 4 位后为 00110000（十进制 48）。

3. 右移运算

右移运算符 ">>" 是双目运算符。右移 n 位就是除以 2^n。其功能是把 ">>" 左边的运算数的各二进位全部右移若干位，">>" 右边的数指定移动的位数。例如，设 $a=15$，$a>>2$ 表示把 00001111 右移为 00000011(十进制 3)。 应该说明的是，对于有符号数，在右移时，符号位将随同移动。当为正数时，最高位补 0，而为负数时，符号位为 1，最高位是补 0 或是补 1 取决于编译系统的规定。Turbo C 和很多系统规定为补 1。

4. 按位与运算

按位与运算符 "&" 是双目运算符。其功能是参与运算的两数各对应的二进位相与。只有对应的两个二进位均为 1 时，结果位才为 1，否则为 0。参与运算的数以补码方式出现。

例如，9&5 可写算式如下：

$$
\begin{array}{ll}
00001001 & //9 \text{ 的二进制补码} \\
\&\ 00000101 & //5 \text{ 的二进制补码} \\
\hline
00000001 & //1 \text{ 的二进制补码}
\end{array}
$$

由此可见 9&5=1。按位与运算通常用来对某些位清 0 或保留某些位。例如，把 a 的高 8 位清 0，保留低 8 位，可作 a&255 运算（255 的二进制数为 11111111）。

5. 按位或运算

按位或运算符 "|" 是双目运算符。 其功能是参与运算的两数各对应的二进位相或。只要对应的 2 个二进位有一个为 1 时，结果位就为 1。参与运算的 2 个数均以补码出现。

6. 按位异或运算

按位异或运算符 "^" 是双目运算符。其功能是参与运算的两数各对应的二进位相异或，当两对应的二进位相异时，结果为 1。参与运算数仍以补码出现。

单元 3 顺序结构程序设计

导学

在实际生活中，不管是去超市购物，还是在 ATM 自动取款机上取款，凡是依赖于计算机软件程序完成的事情，总体上讲，需要以下 3 个步骤。

微课 13 顺序结构的含义

第 1 步：数据输入，准备好程序要处理的原始数据，如商品价格、取款密码。

第 2 步：数据处理，对输入的原始数据进行处理，如计算应付金额、验证密码是否正确。

第 3 步：数据输出，通过屏幕显示等方式输出处理结果，如显示货款总额、打印购物小票等。

这里所提到的数据输入、数据处理和数据输出就构成了一般意义上的顺序结构程序处理过程。顺序结构就是按照顺序由上到下依次执行程序中的各条语句，直至结束。那么在数据的输入和输出环节，如何使用 C 语言进行描述？

【引例】某超市举行店庆活动，所有商品 9.5 折销售。根据商品单价 p 和购买数量 n，计算商品实付金额 c，如图 3-1 所示。试分析，通过编程解决该问题需要哪三个步骤：

（1）输入＿＿＿＿＿＿＿。

（2）计算＿＿＿＿＿＿＿。

（3）输出＿＿＿＿＿＿＿。

预习本单元，结合给定的演示运行界面，完成如下问题：

【问题 3-1】输入商品单价 p 和购买数量 n 的语句如何描述：

【问题 3-2】　输出商品实付金额 c 的语句如何描述：

【问题 3-3】　试写出完整的程序实现代码：

请输入商品单价:128
请输入购买数量:2
商品实付金额为:243.20
Press anykey to continue_

图 3-1
引例程序运行示意图

本单元学习任务

　　基本的数据输入、数据处理和数据输出，构成了简单的顺序结构程序。

　　1. 学会使用单字符输入函数 getchar() 和输出函数 putchar()。

　　2. 学会使用格式化输出函数 printf() 和输入函数 scanf()。

　　3. 初步了解库函数的含义及使用方法。

知识描述

文本　单元三　学习思维导图

　　编程解决问题的本质是对数据的处理。例如，在 ATM 机取款，ATM 程序运行过程中会显示提示信息，会要求用户输入密码、功能选择、金额等相关数据，取款处理后会显示或输出相应的处理结果。在用户与 ATM 机交互的过程中，会不断地输入、输出数据。那么在 C 语言环境下，输入数据和输出数据的操作如何实现？

　　实际上，C 语言中没有专门的输入输出语句，而是通过库函数来实现的。在 C 语言库函数中提供了一组输入输出函数。本单元主要介绍常用的字符输入输出函数 putchar()、getchar()，以及标准的格式输入输出函数 printf()、scanf()。

PPT　单元三　顺序结构程序设计

PPT

　　在使用这些函数之前，应首先使用编译预处理命令 #include 包含头文件 stdio.h。这也是标准库函数使用的基本要求，即在使用标准库函数之前，对库函数所对应的头文件进行包含，否则在程序编译时会出现 "undeclared identifier"（未声明标识符）的错误提示。

3.1　字符输入与输出

3.1.1　字符输出函数

　　函数调用格式：putchar (ch);

　　函数功能：在标准输出设备上输出一个字符。

微课 14　字符输入和输出函数

说明：函数参数 ch 可以是整型或字符型的常量或变量，也可以是表达式，只要 ch 的最终值可表示一个有效字符即可。

【例 3-1】

```
① putchar('A');              //输出字符'A'
② putchar('\101');           //输出字符'A'
③ putchar('a'-32);           //输出字符'A'
④ int ch=65;  putchar(ch);   //输出字符'A'
```

3.1.2　字符输入函数

函数调用格式：**getchar( );**

函数功能：在标准输入缓冲区中读取一个字符。

说明：函数参数为空，函数的返回值是从输入缓冲区中读入一个字符，得到的字符可以赋值给一个字符型或整型变量，也可以作为表达式的一部分。

【例 3-2】

```
① char ch;  ch=getchar( ); putchar(ch);
② char ch; putchar(getchar()); //将 getchar( )读入的字符直接用 putchar()输出
```

【随堂练习 3-1】

以下程序功能为：输入一个 A ~ Z 之间的字母，输出与之左右相邻的两个字母，根据注释信息将程序填写完整。

```
#include <stdio.h>
void main( )
{  char ch;                       //数据准备
   _____              //调用 getchar()输入一个字母，并赋值给 ch
        _____          //调用 putchar()输出与 ch 左相邻的字母
   _____              //调用 putchar()输出与 ch 右相邻的字母
}
```

3.2　格式化输入与输出

格式化输入输出指的是按照指定的格式对数据进行输入/输出操作。以例 1-2 程序为例。

```
#include <stdio.h>                //包含标准输入输出头文件
void main( )                      //主函数
{  int a,b,c;                     //数据准备，长 a 宽 b 周长 c
   printf("请输入矩形的长和宽：");  //调用输出函数，显示提示语
   scanf("%d%d",&a,&b);           //调用输入函数，输入 a、b 值
   c=2*(a+b);                     //数据计算，计算周长 c
```

```
    printf("该矩形周长为：%d.\n",c);        //调用输出函数，输出结果
)
```

数据输出用到库函数 printf( )，数据输入用到库函数 scanf( )，使用这两个函数时，程序设计人员需要指定输入输出数据的格式。程序代码中的"%d"指的是按基本整型的格式进行输入输出。

3.2.1 格式化输出函数

微课 15　格式化
输出函数

函数调用格式 1：printf("字符串常量");

函数调用格式 2：printf("格式控制字符串",输出项列表);

函数功能：格式 1 的功能是将"字符串常量"显示输出；格式 2 的功能是按"格式控制字符串"所规定的格式，将"输出项列表"中各输出项的值输出到标准输出设备。

【例 3-3】

① 例 1-2 中的输出语句：printf("请输入矩形的长和宽：");

② 例 1-2 中的输出语句：printf("该矩形周长为：%d.\n",c);

③ 例 2-5 中的输出语句：printf("%d,%d,%d,%d\n",a,b,i,j);

④ printf("圆的面积为：%6.2f", area);　//area 按照宽度为 6，2 个小数位的形式输出。

说明：

① 调用格式 1 的功能是输出一个字符串常量，调用时在括号内写上要输出的字符串即可。该调用格式常用于显示提示语，与用户交互。

② 调用格式 2 的功能是将"输出项列表"中的各输出项按照"格式控制字符串"中指定的格式显示输出。

③ "格式控制字符串"要用双撇括号括起来，可包括"格式控制符"和"普通字符"，其中"格式控制符"由%开头，后跟格式控制符（见表 3-1）和附加格式修饰符（见表 3-2），"普通字符"按原样输出。

表 3-1　printf 函数中用到的格式字符

格 式 字 符	说　明
%d	以带符号的十进制整数形式输出
%u	以无符号十进制整数形式输出
%f	以小数形式输出，默认 6 位小数，输出双精度小数用%lf
%c	以字符形式输出
%s	以字符串形式输出
%o	以八进制无符号形式输出整数（不输出前导标志符号 0）
%x 或%X	以十六进制无符号形式输出整数（不输出前导标志符号 0x），用%x 则输出 a~f 时以小写形式输出，用%X 则以大写形式输出
%e 或%E	以指数形式输出浮点数，用%e 则指数标志符号 e 以小写形式输出，用%E 则以大写形式输出
%p	输出地址
%%	输出字符%

表 3-2　printf 函数中用到的附加格式修饰字符

格式字符	说　　明
l	用于长整型和双精度浮点型，可加在 d、o、x、u、f 之前
m	m 代表一个整数，用于限定输出数据的最小宽度，当 m 小于实际宽度时失效
.n	n 代表一个整数，用于浮点数输出时，限定输出浮点数时的小数位数；用于字符串输出时，表示截取的字符个数
−	输出的数据左对齐
+	输出的数据右对齐（默认）
0	当限定输出数据宽度 m 时，如果输出数据的宽度不足 m，则以前导 0 补足

④ "输出项列表"由输出项组成，各输出项之间用逗号隔开，输出项可以是常量、变量及表达式。

⑤ 输出项的个数要与格式控制符的个数相同，否则会显示输出异常。

【随堂练习 3-2】

1. 输出提示语"请输入银行卡密码："的语句可描述为_____。

2. 已知变量 sum 为 n 以内的自然数的和，按 6 个字符宽度输出 sum 值的语句可描述为

_____。

3.2.2　格式化输入函数

微课 16　格式化输入函数

函数调用格式：scanf("格式控制字符串",输入项地址列表);

函数功能：按"格式控制字符串"所规定的格式，给"输入项地址列表"所对应的存储单元输入数据。

【例 3-4】

① 例 1-2 中 scanf("%d%d",&a,&b);

② 例 2-1 中 scanf("%f",&r);

③ scanf("%d,%d",&a,&b);

说明：

① "格式控制字符串"要用双撇括号括起来，可包括"格式控制符"和"普通字符"，其中"格式控制符"由%开头，后跟格式控制符（见表 3-3）和附加格式说明符（见表 3-4），"普通字符"按原样输入。

表 3-3　scanf 函数中用到的格式字符

格式字符	说　　明
%d	用来输入带符号号的十进制整数
%u	以无符号十进制整数形式输出
%f	用来输入单精度浮点数小数，默认 6 位小数，输入双精度浮点数用%lf
%c	用来输入字符
%s	用来输入字符串

表 3-4 scanf 函数中用到的附加格式说明字符

格 式 字 符	说　　明
l	用于长整型和双精度浮点型，可加在 d、u、f 之前
m	m 代表一个正整数，用于指定输入数据所占宽度
*	表示本输入项在读入后不赋给相应的变量

② "输入项地址列表"由输入项变量地址组成，变量地址的表示方式为：&变量名，其中运算符&为取地址运算符。

③ 输入项的个数要与格式控制符的个数相同，否则会异常。

【随堂练习 3-3】

1. 根据输入的自然数 n 值，计算 n 以内自然数的和 sum，则输入 n 值的语句可描述为：_____。

2. 分别按照 int、double 和 char 类型给变量 a、b、c 输入数值的语句可描述为：_____

若 $a=2,b=3.2,c='a'$，则程序运行时，正确的输入方法为：

_____

重点提示：输入数值时，在两个数值之间需要插入间隔符（空格、Tab 键、回车），以使系统能区分两个数值。但用%c 作为输入控制字符时，在输入字符数据之前不需要插入间隔符。

3.3　综合应用案例

【例 3-5】 从键盘输入一个大写字母，然后转换成小写字母输出。

分析：本例面临的问题有两个，其一是输入输出方法，可采用字符输入输出函数 getchar()、putchar()，也可以用标准的格式输入输出函数 scanf()、printf()，后者中的格式控制使用%c；其二是大写字母如何转换成相应的小写字母。对应的大写和小写字母的差值为 32，所以将大写字母加上 32 即可得到对应的小写字母，当然也可采用其他办法。

方法 1：

```
#include <stdio.h>
void main()
{char ch1,ch2;
 printf("请输入一个大写字母：");
 ch1=getchar();
 ch2=ch1+32;
 printf("对应的小写字母为：");
 putchar(ch2);
}
```

源代码
【例 3-5】程序(方法 1)

方法 2：

```
#include <stdio.h>
void main()
{char ch1,ch2;
 printf("请输入一个大写字母: ");
 scanf("%c",&ch1);
 ch2=ch1+32;
 printf("对应的小写字母为: %c",ch2);
}
```

程序运行结果如图 3-2 所示。

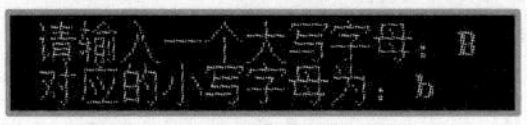

图 3-2
程序运行结果

```
请输入一个大写字母: B
对应的小写字母为: b
```

【例 3-6】 简单模拟 ATM 机取款操作，仅要求输入取款金额，输出"正在出钞"提示。

分析：真实的 ATM 机为用户提供了良好的人机界面，在取款环节需要用户选择或输入取款金额，这里仅模拟由用户输入取款金额，然后显示输出"正在出钞"提示的功能。因为输入的金额是整型数值，所以在编程时应使用格式化输入输出函数完成。

```
#include <stdio.h>
void main()
{int n;
printf("请输入取款金额: ");
 scanf("%d",&n);
printf("您的取款金额为%d 元，正在出钞，请稍后……\n",n);
}
```

程序运行结果如图 3-3 所示。

图 3-3
程序运行结果

```
请输入取款金额: 1000
您的取款金额为1000元，正在出钞，请稍后……
Press any key to continue
```

【例 3-7】 鸡兔同笼是我国古代的数学名题之一。大约在 1500 年前，《孙子算经》中记载了这个有趣的问题"今有雉兔同笼，上有三十五头，下有九十四足，问雉兔各几何？"这 4 句话的意思是：有若干只鸡兔同在一个笼子里，从上面数，有 35 个头，从下面数，有 94 只脚。问笼中各有几只鸡和几只兔？

分析：鸡两只脚，兔 4 只脚。设有 x 只鸡，y 只兔子，head 为头的总数，foot 为脚的总数。很容易得出方程组：

$$\begin{cases} x + y = \text{head} \\ 2x + 4y = \text{foot} \end{cases}$$

若 head 和 foot 的值已知，则可以推导出：$y=(foot-2*head)/2$，$x=head-y$。

程序代码如下：

源代码
【例 3-7】程序

```
#include <stdio.h>
void main( )
{ int x,y,head,foot;   //x 只鸡，y 只兔子，head 为头的总数，foot 为脚的总数
printf("请输入鸡兔总头数和总脚数：");
scanf("%d%d",&head,&foot);
y=(foot-2*head)/2;
x=head-y;
printf("鸡与兔的数目分别为：%d,%d.\n",x,y);
}
```

程序运行结果如图 3-4 所示。

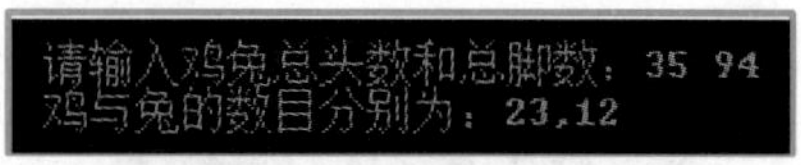

请输入鸡兔总头数和总脚数：35 94
鸡与兔的数目分别为：23,12

图 3-4
程序运行结果

【例 3-8】　商业贷款是时下不少购房者的选择。在银行贷款时共有两种贷款方式，分别为等额本息法和等额本金法，目前采用最多的是等额本息法。等额本息法还款即是把按揭贷款的本金总额与利息总额相加，然后平均分摊到还款期限的每个月中。作为还款人，每个月还给银行固定金额，其每月还款额中的本金比重逐月递增、利息比重逐月递减。

每月还款金额的计算公式是：

$$y=\frac{a\times r\times(1+r)^n}{(1+r)^n-1}$$

其中：

y 为每月的还款金额（元）；

a 为贷款总金额（元）；

n 为贷款的总月数；

r 为月利率。

输入计算贷款总金额 a、贷款的总年数和贷款基准月利率，计算并输出每月的还款金额 y。

分析：本例只需要将输入的贷款总金额 a、贷款的总月数 n 和贷款基准月利率 r 代入上述公式即可。公式中有$(1+r)$的 n 次幂的运算，查阅附录 A 中的数学函数库可知，函数 pow(x,y) 的功能即是求幂运算的函数。

程序代码如下：

源代码
【例 3-8】程序

```
#include <stdio.h>
#include <math.h>
```

```
void main( )
{ double y,r;
  int a,n;
  printf("请输入贷款总金额: ");
  scanf("%d",&a);
  printf("请输入贷款总月数: ");
  scanf("%d",&n);
  printf("请输入月利率: ");
  scanf("%lf",&r);
  y=a*r*pow(1+r,n)/(pow(1+r,n)-1);
  printf("每月的还款金额为: %.2lf。\n",y);
}
```

程序运行结果如图 3-5 所示。

图 3-5
程序运行结果

说明: 调试运行时, 以贷款总金额 20 万元, 贷款 10 年, 贷款基准月利率 0.58%为例。

单元总结

本单元中, 核心内容是顺序程序结构程序设计中标准输入/输出库函数的使用。通过本单元的学习, 应知道:

1. C 语言提供了标准输入输出库函数用于实现数据输入/输出操作, 其对应的头文件为_____。

2. 单字符输入和输出函数分别为_____和_____。

3. 格式化输入和输出函数分别为_____和_____。

4. 格式化输出函数有两种调用格式:

(1) _____

(2) _____

5. 格式化输入/输出中, 格式控制符由_____开头。常用的格式控制符有 int 整型格式符_____、float 浮点型格式符_____、double 浮点型格式符_____、char 字符型格式符_____; 对于浮点型格式可以用_____形式的附加格式说明小数的宽度和小数位数。

6. 格式化输入中的输入项为地址列表, 对变量取地址的运算符为_____。

通过本单元的学习, 应对顺序结构程序设计的特点和设计思路有所了解, 同时重点学会单字符输入函数 getchar()、单字符输出函数 putchar()、格式化输出函数 printf()和格式化输入函数 scanf()的正确使用。

📖 知识拓展

C 语言程序代码编写规范

微课 17　C 语言
程序代码编写
规范

　　一个好的程序编写规范是编写高质量程序的保证。清晰、规范的源程序不仅方便阅读，更重要的是能够便于检查错误，提高调试效率，从而最终保证程序的质量和可维护性。对于刚刚开始接触编程的初学者来说，尤其要遵循编程规范，培养良好的职业素养。以下是一些最基本的代码编写规范。

1. 命名规范

　　（1）常量命名

　　① 符号常量的命名用大写字母表示，如#define LENGTH 10。

　　② 如果符号常量由多个单词构成，两个不同的单词之间可以用下画线连接，如#define MAX_LEN 50。

　　（2）变量和函数命名

　　① 可以选择有意义的英文（小写字母）组成变量名，使读者看到该变量就能大致清楚其含义。

　　② 不要使用人名、地名和汉语拼音。

　　③ 如果使用缩写，应该使用那些约定俗成的，而不是自己编造的。

　　④ 多个单词组成的变量名，除第一个单词外的其他单词首字母应该大写，如dwUserInputValue。

　　⑤ 对于初学者，函数命名可以采用 FunctionName 的形式。

2. 代码书写规范

　　（1）空格的使用

　　① 在逗号后面和语句中间的分号后面加空格，如 int i, j;和 for (i = 0; i < n; i++)。

　　② 在二目运算符的两边各留一个空格，如 a>b 写成 a > b。

　　③ 关键字两侧，如 if() …，要写成 if () …。

　　（2）缩进的设置

　　根据语句间的层次关系采用缩进格式书写程序，每进一层，往后缩进一层。有两种缩进方式，分别是使用 Tab 键和采用 4 个空格。整个文件内部应该统一，不要混用 Tab 键和 4 个空格，因为不同的编辑器对 Tab 键的处理方法不同。

　　（3）嵌套语句（语句块）的格式

　　对于嵌套式的语句，即语句块（如 if、while、for、switch 等）应该包括在花括号中。花括号的左括号应该单独占一行，并与关键字对齐。建议即使语句块中只有一条语句，也应该使用花括号，这样可以使程序结构更清晰，也可以避免出错。建议对比较长的程序块，在末尾的花括号后加上注释，以表明该语句块结束。

（4）函数定义

每个函数的定义和说明应该从第 1 列开始书写。函数名（包括参数表）和函数体的花括号应该各占一行。在函数体结尾的括号后面可以加上注释，注释中应该包括函数名，这样比较方便进行括号配对检查，也可以清晰地看出函数是否结束。

3. 注释书写规范

注释必须做到清晰，准确地描述内容。对于程序中复杂的部分必须有注释加以说明。注释量要适中，过多或过少都易导致阅读困难。

（1）注释风格

① C 语言中使用一组/* ... */或//作为注释界定符。

② 注释应该出现在要说明的内容之前，而不应该出现在其后。

③ 除了说明变量的用途和语言块末尾使用的注释，尽量不使用行末的注释方式。

（2）何时需要注释

① 如果变量的名字不能完全说明其用途，应该使用注释加以说明。

② 如果为了提高性能而使某些代码变得难懂，应该使用注释加以说明。

③ 对于一个比较长的程序段落，应该加注释予以说明。如果设计文档中有流程图，则程序中对应的位置应该加注释予以说明。

④ 如果程序中使用了某个复杂的算法，建议注明其出处。

⑤ 如果在调试中发现某段落容易出现错误，应该注明。

4. 其他一些小技巧和要求

① 源程序中，除了字符串信息和注释外，代码要使用英文符号。

② 函数一般情况下应该少于 100 行。

③ 函数定义一定要包含返回值类型，没有返回值则用 void。

④ 指针变量总是要初始化或赋值为 NULL。

⑤ 对于选择结构和循环结构，要使用{}包含复合语句，即使是语句只有一行。

以上介绍的这些适用于初学者的最基本的代码编写规范，希望在学习过程中严格遵守，形成习惯。需要说明的是，要想成为专业的程序员，建议学习完整的程序代码编写规范。另外，有些大型公司有其自己的代码编写规范，如华为公司就有内部的代码编程规范，这就需要程序员要适应公司内部的技术规范要求。

单元4 选择结构程序设计

 导学

通过编程解决问题一般需要数据输入、数据处理和数据输出 3 个顺序步骤，但是在实际问题中，程序的执行逻辑并非完全是顺序的，如导航仪对公路上的汽车进行导航的过程中，要以"目的地"为条件选择相应的路线进行导航，这就是选择结构。那么在选择结构程序设计中，选择条件如何表达，依据条件选择执行某些语句的过程如何描述？

【引例】 某超市举行店庆活动，购物金额低于 100 元的顾客获赠小礼品一份，购物金额达到 100 元的顾客，每满 100 元获赠 10 元代金券一张，如图 4-1 和图 4-2 所示。请根据顾客的购物金额，分析顾客获赠情况。

```
请输入购物金额: 68.2
恭喜！您将获赠小礼品一份！
Press any key to continue
```

```
请输入购物金额: 588.8
恭喜！您将获赠5张10元代金券。
Press any key to continue
```

图 4-1　引例程序运行示意图 1 　　　　图 4-2　引例程序运行示意图 2

根据题目先回答：可以获赠代金券的条件是_____。

预习本单元后，结合给定的演示运行界面，完成如下问题：

【问题 4-1】 若用 c 表示购物金额，则能够获赠代金券的条件判断表达式为

_____。

【问题 4-2】 写出计算获赠代金券张数 n 的语句：_____。

【问题 4-3】 试写出完整的程序实现代码。

_____

_____

_____

_____

_____

_____

本单元学习任务

选择结构程序设计涉及条件判断表达式、if 语句、if-else 语句和 switch 语句等内容。

1. 掌握关系运算符和逻辑运算符的运算规则，会使用条件表达式表达实际问题。
2. 掌握 if 语句、if-else 语句和 switch 语句的基本形式和使用方法。
3. 掌握条件运算符的使用方法。
4. 能根据实际问题选取合适的选择结构语句，并具备基本的程序分析、编写和调试能力。

知识描述

文本 单元四 学习思维导图

PPT 单元四 选择结构程序设计

微课 18 关系运算符及表达式

4.1 条件判断表达式

选择结构程序是依赖于选择条件执行的，根据选择条件判断的结果（真或假）执行不同的语句。条件判断表达式包括关系表达式或逻辑表达式，表达式的值为真或假。在 C 语言编译系统给出条件表达式运算结果是，用整数 1 表示"真"，用整数 0 表示"假"；但在判断一个数据值是否为"真"时，以"非 0"代表"真"，以"0"代表"假"。

4.1.1 关系运算符及表达式

关系运算符用于确定两个数据之间是否存在着某种关系。关系运算符共有 6 个，其名称和符号表示见表 4-1。其中关系运算符<、≤、>、≥的运算优先级相同，高于关系运算符==和!=，==和!=的运算优先级别相同。

表 4-1 关系运算符

序　号	名　　称	符　号　表　示
1	小于	<
2	小于等于	≤
3	大于	>
4	大于等于	≥
5	等于	==
6	不等于	!=

用关系运算符将两个表达式（算术、关系、逻辑或赋值表达式）连接起来构成关系表达式。当关系表达式成立时，其值为 1，当关系表达式不成立时，其值为 0。总体上讲，关系运算符的优先级低于算术运算符，高于赋值运算符。需要注意的是，C 语言中的等于关系用关系运算符"=="表示，而不是赋值运算符"="。

【例 4-1】

当整型变量 r 的值为 3 时，判断下列关系表达式的值。

（1）$r==3$ 　　　（2）$r=4$ 　　　（3）$0<r<1$

分析：

① 关系运算符"=="用于判断左右两侧数值是否相等，因为变量 r 本身的值是 3，与

==右侧的数字 3 逻辑相等，所以该关系表达式的值为 1。

② "=" 是赋值运算符，所以 $r=4$ 的含义是将 4 赋值给变量 r，赋值表达式的最终值是 r 的值，也就是 4，所以当把 $r=4$ 作为关系表达式时，其值为 1。

③ 根据运算规则，关系表达式 $0<r<1$ 计算时，先计算 $0<r$，因为变量 r 的值为 3，所以 $0<r$ 的值为 1，再计算 $1<1$，该关系表达式不成立，所以整个关系表达式 $0<r<1$ 的结果值为 0。

【随堂练习 4-1】

1．字符变量 ch 的值是字母'y'的关系表达式为_____。

2．整型变量 n 为偶数的关系表达式为_____。

4.1.2 逻辑运算符及表达式

当判断条件不唯一时，如要求 $a>b$ 和 $c>d$ 两个关系都成立，就需要将两个关系表达式用逻辑运算符连接起来构成逻辑表达式，最终形成完整的条件判断表达式。逻辑运算符有 3 个，见表 4-2。

微课 19 逻辑运算符及表达式

表 4-2 逻辑运算符

序 号	名 称	符 号 表 示
1	逻辑非	!
2	逻辑与	&&
3	逻辑或	‖

逻辑运算符的运算规则：逻辑运算符 "!" 执行非运算，对操作数进行逻辑 "取反" 操作；逻辑运算符 "&&" 执行 "与" 运算，即两个操作数都为真时，结果才为真；逻辑运算符 "‖" 执行 "或" 运算，即两个操作数都为假时，结果才为假。逻辑值的运算规则可以用真值表来说明，见表 4-3。

表 4-3 真 值 表

操作数 A	操作数 B	$!A$	$A\&\&B$	$A\|B$
非 0	非 0	0	1	1
非 0	0	0	0	1
0	非 0	1	0	1
0	0	1	0	0

引入逻辑运算符后，常见运算符的优先级如图 4-3 所示。

```
!(非)          (高)
算术运算符
关系运算符
&&和‖
赋值运算符     (低)
```

图 4-3
常见运算符优先级

【例 4-2】

1．当 $x=3$，$y=4$，$z=5$ 时，计算逻辑表达式 $x>y\&\&y>z$ 的值。

分析：该逻辑表达式等价于(x>y)&&(y>z)，x>y 不成立，所以为假，根据逻辑与 "&&" 的运算规则，该逻辑表达式值为 0（假）。

2．一个三角形的三边分别用 a、b、c 表示，写出判断该三角形为等腰三角形的逻辑表达式。

分析：等腰三角形的特征为任意两个边相等，即 a 与 b 相等，或者 b 与 c 相等，或者 c 与 a 相等，所以其逻辑表达式为 a==b||b==c||c==a。

【随堂练习 4-2】

1．判断字符变量 ch 的值为大写字母的逻辑表达式为_____。

2．判断某一年份是否为闰年。闰年是符合以下条件的年份：能被 4 整除但不能被 100 整除，或者能被 400 整除。若用整型变量 year 表示年份，则闰年的逻辑判断表达式为_____。

4.2　if 选择语句

if 选择语句根据条件判断表达式的结果（真或假）决定执行哪些语句。

4.2.1　单分支 if 语句

【例 4-3】从键盘输入一个字母，无论该字母为大写字母还是小写字母，均以小写字母形式输出。

分析：本例类似于某些网站登录时 "验证码" 的输入，如图 4-4 所示。在用户输入字符时，无论输入的是大写字母还是小写字母，只要是对应的字符，即认为验证码正确。这说明系统已经将验证码中各字符与用户输出的各字符同时转换成了小写字母或者大写字母，然后进行比较。那么这种转换是如何实现的？要求输入形式为小写字母，若输入的是大写字母，则需要转换成相应的小写字母。

用流程图表示，如图 4-5 所示。

图 4-4　验证码输入示例

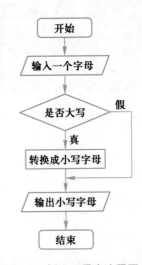

图 4-5　例 4-3 程序流程图

依据程序流程图，编写程序代码如下：

源代码
【例 4-3】程序

```c
#include <stdio.h>
void main( )
{  char  ch;
   printf("请输入一个字母：");
   ch=getchar( );
   if(ch>='A'&&ch<='Z')
        ch=ch+32;
   printf("输出结果为：");
   putchar(ch);
}
```

微课 20   单分支
if 语句

由此得出单分支 if 语句的一般格式：

if（表达式）

　　{ 语句组；}

执行过程：单分支 if 语句在执行时首先判断"表达式"是否成立，如果"表达式"的值为真，则执行"语句组"，否则直接转到 if 语句的后继语句，其执行过程如图 4-6 所示。

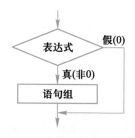

图 4-6
单分支 if 语句流
程图

重点提示："语句组"可以是一条独立的语句，此时"{}"可以省略；也可以是包含多条语句的复合语句，此时"{}"不能省略。

【例 4-4】 编写程序，输入两个整数，然后将这两个整数按照从大到小的顺序输出。

分析：假定这两个整数分别用变量 a 和 b 来表示，输入 a 和 b 的值，如果 $a<b$，则把 a 和 b 的值交换，否则，a 和 b 的值不变，即较大的数据存放在 a 中，较小的数据存放在 b 中，然后输出 a 和 b 的值。

源代码
【例 4-4】程序

程序代码如下：

```c
#include <stdio.h>
void main( )
{  int a,b,t;
   printf("请输入 a，b 的值：");
   scanf("%d%d",&a,&b);
   if(a<b)
```

```
    { t=a;
        a=b;
        b=t;
    }
    printf("输出结果为：a=%d, b=%d. ",a,b);
}
```

由程序可以看出，if 选择结构在条件成立时进行数据交换，变量 a 和 b 交换数值时要借助第 3 个变量 t，交换过程由 {t=a; a=b; b=t;} 所构成的复合语句来完成。

【随堂练习 4-3】

以下程序段的功能是计算一个整数的绝对值，将程序补充完整。

```
int n;
scanf("%d",&n);

_____

_____

printf("该整数的绝对值是%d. ",n);
```

4.2.2 双分支 if-else 语句

【例 4-5】 输入一个正整数，判断该数是偶数，还是奇数。

分析：判断一个正整数 x 是偶数还是奇数，是要看该整数能否被 2 整除，如果 x 能被 2 整除，即 $x\%2==0$，则 x 为偶数，否则，x 为奇数。

用流程图表示，如图 4-7 所示。

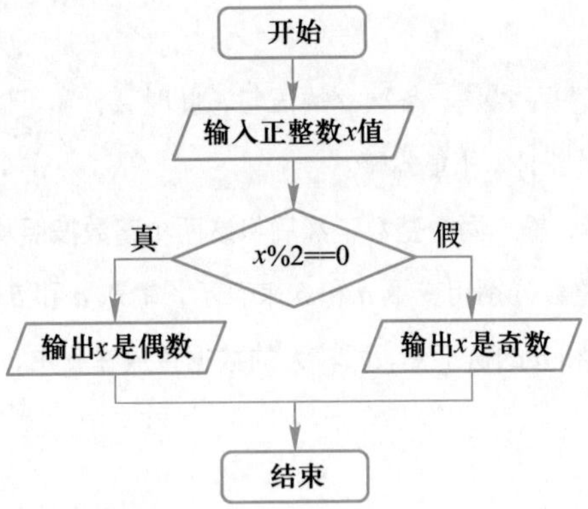

图 4-7
例 4-5 程序流程
图

依据程序流程图，编写程序代码如下：

源代码
【例 4-5】程序

```
#include <stdio.h>
void main( )
{   int x;
    printf("请输入一个正整数：");
```

```
    scanf("%d",&x);
    if(x%2==0)
        printf("正整数%d是偶数。\n",x);
    else
        printf("正整数%d是奇数。\n",x);
}
```

由此推导出双分支 if-else 语句的一般格式：

```
if （ 表达式 ）
    { 语句组 1； }
else
    { 语句组 2； }
```

微课 21　双分支
if-else 语句

执行过程：双分支 if 语句在执行时，首先判断"表达式"是否成立，如果"表达式"的值为真，则执行"语句组 1"，否则执行"语句组 2"，其执行过程如图 4-8 所示。

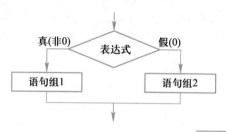

图 4-8
双分支 if-else 语
句流程图

【例 4-6】　一个三角形的三边分别用 a、b、c 表示，输入三个边长 a、b、c，判断该三角形是否为等腰三角形。

分析：例 4-2 提到，等腰三角形的特征为任意两个边相等，即 a 与 b 相等，或者 b 与 c 相等，或者 c 与 a 相等，所以其逻辑表达式为 $a==b||b==c||c==a$，根据判断结果说明是否能构成等腰三角形。

程序代码如下：

源代码
【例 4-6】程序

```
#include <stdio.h>
void main( )
{ int a,b,c;
  printf("请输入三角形三边长: ");
  scanf("%d%d%d",&a,&b,&c);
  if(a==b||b==c||a==c)
        printf("该三角形是等腰三角形.\n");
  else
        printf("该三角形不是等腰三角形.\n");
}
```

【例4-7】 （例4-6拓展）输入3个边长 *a*、*b*、*c*，如果这3个边能构成三角形，判断该三角形是等边三角形、等腰三角形，还是其他三角形。

分析：根据输入的3个边长 *a*、*b*、*c*，首先判断能否构成一个合法三角形，在能够构成合法三角形的前提下，再根据等边三角形的条件（$a==b\&\&b==c$）、等腰三角形的条件 $a==b||b==c||c==a$）进一步判断。

程序代码如下：

```
#include <stdio.h>
void main( )
{ int a,b,c;
  printf("请输入三角形三边长: ");
  scanf("%d%d%d",&a,&b,&c);
  if(a+b>c&&b+c>a&&a+c>b)
  { if(a==b&&b==c)
      printf("该三角形是等边三角形.\n");
    else
      if(a==b||b==c||a==c)
            printf("该三角形是等腰三角形.\n");
      else
            printf("该三角形是其他三角形.\n");
  }
  else
    printf("注意：不能构成合法三角形.\n");
}
```

由程序可以看出，对于双分支 if-else 选择结构语句，其 if 分支或者 else 分支又可以是一个 if 或者 if-else 语句，这称为 if 语句的嵌套。在 if 语句的嵌套形式中，往往出现多个 if 和多个 else 重叠的情况，为此初学者必须正确理解 else 与 if 的匹配规则。

C 语言规定：else 总是和它前面离它最近的未配对的 if 相匹配。在实际编程中，为了表明编程者的意图，可以通过"{}"来强制 if 和 else 的配对关系。

【随堂练习4-4】

以下程序用于判断输入的字符是否为字母，补充完整，然后将程序改写成仅一对 if-else 的形式。

```
char ch;
ch=getchar( );
if(_____)
      printf("%c 是字母。",ch);
```

```
    else    if(_____)
            printf("%c 是字母。",ch);
        else
            printf("%c 不是字母。",ch);
```

4.2.3　条件运算符

在 C 语言中，简单的 if-else 语句，可以用条件运算符来替代。例如下面语句：

```
if(m>n)
    max=m;
else
    max=n;
```

可以使用条件运算符写成条件表达式：　max=m>n?m:n

这里，运算符 "?:" 是条件运算符，条件表达式的一般格式为：

表达式 1？表达式 2：表达式 3

这 3 个表达式可以是任意表达式，一般来讲表达式 1 为关系表达式或逻辑表达式。

条件表达式运算过程及表达式的值：先计算表达式 1 的值，若表达式 1 的值为真，则计算表达式 2 的值，并将表达式 2 的值作为整个表达式的值；若表达式 1 的值为假，则计算表达式 3 的值，并将表达式 3 的值作为整个表达式的值。

条件运算符的优先级高于赋值运算符，因此 max=m>n?m:n 等价于 max=(m>n?m:n)。

【随堂练习 4-5】

将随堂练习 4-3 中的填空内容，使用条件运算符描述：
_____

4.3　多分支 switch 语句

if 语句的基本功能是实现两个分支选择，而实际问题中经常用到多分支的选择。对于多分支的选择虽然可以通过 if-else 语句的嵌套格式来实现，但书写麻烦，不够直观简洁。

【例 4-8】　根据学生考试成绩 score 的值判定考试等级。判定标准见表 4-4。

表 4-4　成　绩　表

成绩（score）	等　　级
score≥90	优秀（A 级）
80≤score<90	良好（B 级）
70≤score<80	中等（C 级）
60≤score<70	及格（D 级）
score<60	不及格（E 级）

微课 22　多分支
switch 语句

分析：由判定标准可以看出，成绩 score 的取值有 5 个范围，每个范围对应相应的等级。这是一个典型的多分支选择结构，根据考试成绩的不同取值，进行多个分支判断，得到相应的考试等级。

用流程图表示，如图 4-9 所示。

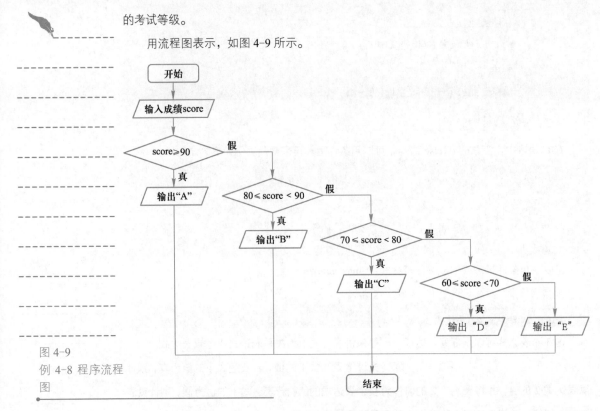

图 4-9
例 4-8 程序流程
图

通过分析可知，程序的实现可以用嵌套的 if 来处理，但因为分支较多，嵌套的 if 语句层数就会比较多，程序冗长且可读性降低。针对此类问题，C 语言提供了 switch 语句实现多分支选择结构，其特点是根据一个表达式的多个不同值形成多个选择分支。

其一般格式为：

```
switch( 表达式 )
{  case  常量表达式 1:  [语句序列 1;] [break;]
   case  常量表达式 2:  [语句序列 2;] [break;]
   …
   case  常量表达式 n:  [语句序列 n;] [break;]
   default: 语句序列 n+1;
}
```

执行过程：

① 首先计算 switch 后面表达式的值，再依次与每一个 case 后面的常量表达式的值进行比较，若有相等的情况，则以该 case 为入口，执行相应的语句序列。

② 若相应的语句序列后面有 break，则程序跳出 switch 选择结构，执行 switch 选择结构后面的语句；若相应的语句序列后面没有 break，则执行下一个 case 后面的语句序列。

③ 若所有 case 后面的常量表达式的值没有与 switch 后面表达式的值相等的情况，则执行 default 后面的语句序列。

重点提示：

● 该结构中 switch、case、break、default 是关键字，格式中的方括号括起来的部分为可选项，根据程序设计要求进行取舍。

● 在 switch 语句中，case 的作用只是一个标号，break 的作用是退出当前 switch 语句。

● switch 后面括号内的表达式的值必须是整型或字符型，每个 case 后面的常量表达式中的常量也必须是整型和字符型，且各 case 后的常量值不能相同。

继续分析例 4-8，switch 语句是根据一个表达式的多个不同值，进行多个分支判断，执行相应的语句序列，但通过对题目的分析可以看出，每个等级的成绩取值均是一个范围，而非一个具体的值，这就需要分析每个取值范围是否可用一个具体的数值代表。通过观察不难看出，除成绩 100 分外，每个等级的成绩取值范围具有相同的十位数，这样就可以提取成绩的十位数作为表达式的值，若分数为 100，则取 10。

应用 switch 语句编写代码如下：

```c
#include <stdio.h>
void main( )
{ double score;
  printf("请输入学生成绩：");
  scanf("%lf",&score);
  switch((int)(score/10))//分析 switch 后面的表达式为什么写成(int)(score/10)?
{ case 10:
    case 9: printf("该生的成绩等级为A-优秀. "); break;
    case 8: printf("该生的成绩等级为B-良好. "); break;
    case 7: printf("该生的成绩等级为C-中等. "); break;
    case 6: printf("该生的成绩等级为D-及格. "); break;
    default: printf("该生的成绩等级为E-不及格. ");
  }
}
```

源代码
【例 4-8】程序

程序运行结果如图 4-10 所示。

请输入学生成绩：89
该生的成绩等级为B-良好.

图 4-10
程序运行结果

【思考】　将上述程序代码中的 break 去掉，会得到怎样的运行结果，试分析其原因。

【随堂练习 4-6】

微信是腾讯公司于 2011 年 1 月 21 日推出的一个为智能终端提供即时通信服务的免费应用程序，通过微信推送的消息可以通过如图 4-11 所示的菜单进行发送或分享，使用 switch 语句模拟实现菜单调用过程。

图 4-11
微信菜单界面

4.4 综合应用案例

【例 4-9】 根据表 4-5 中定期存款的期限和相应的利率，计算本息合计。

源代码
【例 4-9】程序

表 4-5 存款期限及利率表

存 款 期 限	利 率	本 金	本 息 合 计
三个月	0.26%		
六个月	0.28%		
一年	0.33%		
二年	0.375%		
三年	0.425%		
五年	0.475%		

分析：当人们在银行办理定期存款业务时，储蓄员将本金金额和存款期限输入计算机后，会显示输出存款到期后的本息合计金额。该过程可以分解为以下 3 步。

第 1 步：输入存款金额 c 和存款期限 m。

第 2 步：根据存款期限 m 确定存款利率 r。

第 3 步：根据存款金额 c 和利率 r 计算本息合计金额 s。

这里的关键问题是第 2 步如何处理，根据所学知识，该问题的解决有多种方法。

方法 1：利用单分支 if 语句实现。

```
if(m==3)  r=0.0026;

if(m==6)  r=0.0028;

if(m==12)  r=0.0033;

…
```

从上述代码可以看出，当存款期限为 3 个月时，语句 if(*m*==3) r=0.026;后面的 if 语句均会执行一遍，这大大降低了程序的执行效率。

方法 2：利用 if-else 语句实现。

```
if(m==3)

    r=0.0026;

else

    if(m==6)

        r=0.0028;

    else

        if(m==12)
```

```
        r=0.0033;
    else
        if(m==24)
            r=0.00375;
        else
            if(m==36)
                r=0.00425;
            else
                if(m==60)  r=0.00475;
```

以上代码在书写形式上可以简化为：

```
if(m==3)   r=0.0026;
else  if(m==6)   r=0.0028;
else  if(m==12)  r=0.0033;
else  if(m==24)  r=0.00375;
else  if(m==36)  r=0.00425;
else  if(m==60)  r=0.00475;
```

从上述代码可以看出，使用 **if-else** 嵌套语句，程序逻辑关系清楚，提高了程序执行效率。

方法 3：利用 switch 语句实现。

```
switch(m)
{ case  3:  r=0.0026;  break;
  case  6:  r=0.0028;  break;
  case  12: r=0.0033;  break;
  case  24: r=0.00375;  break;
  case  36: r=0.00425;  break;
  default:  r=0.00475;
 }
```

从上述代码可以看出，使用 switch 语句，程序层次更加简洁，更重要的是大大提高了程序执行效率。

【例 4-10】　如图 4-12 所示为某银行 ATM 机操作界面。其中，图 4-12（a）为 ATM 机登录界面，当密码输入正确后进入如图 4-12（b）所示服务项目选择界面，然后根据需要选择相应选项。请编程模拟该操作过程。

分析：应用控制台方式模拟 ATM 机操作。假设密码为 1234，其操作流程如下：首先提示输入密码，然后将输入数据与密码 1234 进行比较，如果输入的密码不正确，则退出服务，如果输入的密码正确，则显示"请选择服务项目"的交互界面，此步骤可使用 if-else 语句实现；当进入"请选择服务项目"的交互界面后，显示【改密】、【查询】、【转账】、【取款】、

【电子现金】、【存款】等服务项目信息，用户根据需要选择并转到相应的服务界面，如果不需要服务可单击【取卡】按钮退出。

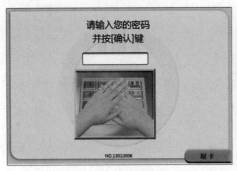

图 4-12
ATM 机界面

（a）ATM 机登录界面　　　　　　　　　（b）ATM 机服务选择界面

结合之前所学到的知识和本单元所讲的内容，编写程序实现代码如下：

源代码
【例 4-10】程序

```c
#include <stdio.h>
void main()
{ int n,pwd;
  printf("请输入您的密码<按回车键结束>: ");
  scanf("%d",&pwd);
  if(pwd!=1234)
    printf("密码错误，服务退出.\n");
  else
  {
    printf("********请选择服务项目********\n");
    printf("****  1-改密      4-查询  ****\n");
    printf("****  2-转账      5-取款  ****\n");
    printf("****  3-电子现金   6-存款  ****\n");
    printf("****              0-取卡  ****\n");
    printf("\n 请输入选项: ");
    scanf("%d",&n);
    switch(n)
    {
      case 0:printf("服务结束，请取出银行卡.");break;
      case 1:printf("正在进入【改密】服务界面，请稍后……\n"); break;
      case 2:printf("正在进入【转账】服务界面，请稍后……\n"); break;
      case 3:printf("正在进入【电子现金】服务界面，请稍后……\n"); break;
      case 4:printf("正在进入【查询】服务界面，请稍后……\n"); break;
```

```
    case 5:printf("正在进入【取款】服务界面，请稍后……\n"); break;

    case 6:printf("正在进入【存款】服务界面，请稍后……\n");

    }

  }

}
```

程序运行结果如图 4-13 所示。

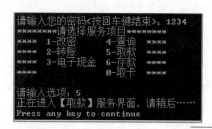

图 4-13
程序运行结果

👓 单元总结

在选择结构程序设计中，条件判断表达式和选择结构实现语句是两个核心内容。通过本单元的学习，应知道：

1. 条件判断表达式由关系运算符及其表达式、逻辑运算符及其表达式构成，其中：

① 关系运算符有＿＿＿＿＿＿＿＿＿＿＿＿＿＿＿＿＿＿＿＿＿＿＿＿

② 逻辑运算符有＿＿＿＿＿＿＿＿＿＿＿＿＿＿＿＿＿＿＿＿＿＿＿＿

2. 选择结构实现语句有 3 种方式。

① 单分支 if 选择结构，一般格式为：

＿＿＿＿＿＿＿＿＿＿＿＿＿＿＿＿＿＿＿＿＿＿＿＿＿＿＿＿＿＿＿＿

＿＿＿＿＿＿＿＿＿＿＿＿＿＿＿＿＿＿＿＿＿＿＿＿＿＿＿＿＿＿＿＿

② 双分支 if-else 选择结构，一般格式为：

＿＿＿＿＿＿＿＿＿＿＿＿＿＿＿＿＿＿＿＿＿＿＿＿＿＿＿＿＿＿＿＿

＿＿＿＿＿＿＿＿＿＿＿＿＿＿＿＿＿＿＿＿＿＿＿＿＿＿＿＿＿＿＿＿

＿＿＿＿＿＿＿＿＿＿＿＿＿＿＿＿＿＿＿＿＿＿＿＿＿＿＿＿＿＿＿＿

③ 多分支 switch 选择结构，一般格式为：

＿＿＿＿＿＿＿＿＿＿＿＿＿＿＿＿＿＿＿＿＿＿＿＿＿＿＿＿＿＿＿＿

＿＿＿＿＿＿＿＿＿＿＿＿＿＿＿＿＿＿＿＿＿＿＿＿＿＿＿＿＿＿＿＿

＿＿＿＿＿＿＿＿＿＿＿＿＿＿＿＿＿＿＿＿＿＿＿＿＿＿＿＿＿＿＿＿

＿＿＿＿＿＿＿＿＿＿＿＿＿＿＿＿＿＿＿＿＿＿＿＿＿＿＿＿＿＿＿＿

3. 在应用选择结构时，应注意以下问题。

① 在 if 嵌套语句中，要弄清 else 与 if 的匹配关系，书写 if 语句嵌套时一般采用缩进的阶梯式写法，在实际编程中，为了表明编程者的意图，也常常通过"{}"来强制 if 和 else 的配对关系。

② switch 语句中，"表达式"和"常量表达式"的类型只能是整型或字符型数据，且"常量表达式"只能由常量构成，通过"表达式"与"常量表达式"之间的对等关系构造出多分支选择结构。

③ 在某些多分支选择结构程序设计中，既可使用 if-else 语句实现，也可使用 switch 语句实现。switch 语句与 if 语句的不同之处在于：switch 语句仅能判断一种逻辑关系，即"表达式"和指定"常量表达式"的值是否相等，而不能进行大于、小于某一个值的判断，不能表达区间数据的概念；if 语句可以计算和判断各种表达式。所以 switch 语句不能完全替代 if 语句。

总之，通过本单元的学习，应该掌握 C 语言选择结构程序设计的思路和语句的基本用法。

👓 知识拓展

程序中的语法错误与逻辑错误调试

程序调试，是将编制的程序投入实际运行前，用手工或编译程序等方法进行测试，修正语法错误和逻辑错误的过程。这是保证计算机软件正确性必不可少的步骤。编完计算机程序，必须送入计算机中测试，根据测试所发现的错误，进一步诊断，找出原因和具体的位置进行修正。

程序中的错误一般包括语法错误和逻辑错误。

1. 语法错误

语法错误是 C 语言初学者出现最多的错误。例如，分号";"是每个 C 语句的结束的标志，在 C 语句后忘记写";"就是语法错误。发生语法错误的程序，编译通不过，用户可以根据错误提示信息来修改。

例如，在 VC++环境下，若提示如下错误信息：

D:\A\a.cpp(12) : error C2146: syntax error : missing ';' before identifier 'scanf'

其含义是：该错误的错误代码为 C2146，错误点位于程序"D:\A\a.cpp"的第 12 行，错误的原因是在"scanf"语句之前缺少";"。

又如，当 else 与 if 不匹配时，将提示如下信息：

D:\A\a.cpp(18) : error C2181: illegal else without matching if

其含义是：该错误的错误代码为 C2181，错误点位于程序"D:\A\a.cpp"的第 18 行，错误的原因是非法的 else，没有匹配的 if。

C 语言初学者常见的语法错误还有：将英文符号输入成中文符号、使用未定义的变量、标识符（变量、常量、数组、函数等）不区分大小写、漏掉 ";"、大括号{} 不配对、小括号（）不配对、控制语句（选择、分支、循环）的格式不正确、调用库函数却没有包含相应的头文件、调用未声明的自定义函数、调用函数时实参与形参不匹配、数组的边界越界等。

在编程环境中调试语法错误，编译时会自动定位到第一条错误处，然后用鼠标双击错误信息即可自动定位到相应错误点位置。建议：

① 由于 C 语言语法比较自由、灵活，因此错误信息定位不是特别精确。例如，当提示第 10 行发生错误时，如果在第 10 行没有发现错误，从第 10 行开始往前查找错误并修改之。

② 一条语句错误可能会产生若干条错误信息，只要修改了这条错误，其他错误会随之消失。特别提示：一般情况下，第一条错误信息最能反映错误的位置和类型，所以调试程序时务必根据第一条错误信息进行修改，修改后立即重新编译程序，也就是说，每修改一处错误就要重新编译一次程序。

2. 逻辑错误

逻辑错误就是用户编写的程序已经没有语法错误，可以运行，但得不到所期望的结果（或正确的结果），也就是说由于程序设计者的原因，程序并没有按照程序设计者的思路来运行。例如，一个最简单例子是：要求两个数的和，应该写成 $z=x+y;$，由于某种原因却写成了 $z=x-y;$，这就是逻辑错误。

发生逻辑错误的程序编译软件是发现不了的，要用户跟踪程序的运行过程才能发现程序中逻辑错误，所以逻辑错误是最不易修改的。

常见的逻辑错误有以下几类。

① 运算符使用不正确。例如要表达 i 和 j 的相等关系，正确的语句为 $i==j$，却写成了 $i=j$。

② 语句的先后顺序不对。例如要对 a、b 进行数值交换，正确的语句为 $\{t=a; a=b; b=t;\}$，却写成了 $\{a=b; b=t; t=a;\}$。

③ 条件判断表达式描述不正确。例如要表达数学上的 $a>b>c$ 的关系，正确的表示为 $a>b\&\&b>c$，却写成了 $a>b>c$。

还有数据类型分析不准确、循环语句的初值与终值有误等。发生逻辑错误的程序是不会产生错误信息的，需要程序设计者细心地分析阅读程序，并具有程序调试经验。

不管是语法错误还是逻辑错误，在学习编写程序之初都要注意积累，将发生过的错误记下，了解相应英文信息的含义、分析错误原因及解决办法，在实践积累中提高程序调试能力。

单元 5　循环结构程序设计

导学

　　在编程时可能出现这样的情形，在某个条件成立的情况下反复执行一段重复性的语句，这就是程序设计中的循环结构。循环结构程序设计涉及循环条件的分析、循环执行语句的提取、循环语句的描述等内容。

　　【引例】　某选秀节目中有若干个评委，在主持人依次播报评委评分的同时，记分员也依次将分数进行累加求和，最后给出选手获得的总分。

　　【问题 5-1】　分析该过程中重复要做的事情是：

_____

_____

　　【问题 5-2】　上述过程执行的条件是：_____

　　本单元学习任务

　　1. 学会使用 while、do-while 或 for 描述循环结构语句。

　　2. 学会使用 break 语句控制循环流程，了解 continue 语句。

　　3. 具备循环结构程序的基本分析能力和程序编写能力。

文本 单元五 学习思维导图

PPT 单元五 循环结构程序设计

知识描述

5.1 循环的本质

【例 5-1】 某选秀节目有 10 个评委，选手的得分为 10 个评委评分后的总分，试编程实现统计功能。

分析：这是一个循环结构问题，为了方便描述，给出如下变量定义：

```
double  score, sum=0;   //变量 score 存放每次评委亮出的分数，变量 sum 存放总分
int i=1;                //变量 i 代表评委编号，初始值为 1
```

整个总分统计过程所对应的算法可以描述为：

在 $i \leq 10$ 的条件下反复执行如下语句：

```
scanf("%lf",&score );    //播报（输入）当前评委亮出的分数 score
sum=sum+score;           //累加到总分 sum
i++;                     //评委编号递增 1
```

微课 23 循环的本质

通过上述过程，可以分析出循环的本质。循环结构程序设计的任务就是设计一个能重复执行某些相同代码的程序，将程序员从大量编写相同代码的工作中解放出来，这样不仅提高了程序编写的工作效率，还减少了程序源代码的存储空间，提高了程序的质量，这就是循环的本质。

明白了循环的本质，结合例 5-1 概括一下循环结构设计时需要明确的一些问题。

① 循环从什么时候开始，即循环变量初值。

② 满足什么条件要循环，即循环控制条件表达式。

③ 每次循环要做什么，即反复执行的语句，简称为循环体。

以例 5-1 为例，其中，

循环变量初值：i=1;

循环控制条件表达式：i≤10

循环体：scanf("%lf",&score);

　　　　sum=sum+score;

　　　　i++;

这就是循环结构的三要素，即循环变量初值、循环控制条件表达式和循环体。对于适用于循环结构解决的程序设计问题，只需要分析出这三个要素，问题即可迎刃而解。

5.2 循环结构语句

C 语言共提供了 3 种描述循环结构的语句，分别是 while、do-while 和 for 语句。

5.2.1 while 语句

while 语句的一般格式：

微课 24 while 循环语句

```
while(表达式)
{
    循环体;
}
```

其中"表达式"为循环控制条件表达式，"循环体"由一条或多条语句组成，当"循环体"仅有一条语句时，可省略"{}"。

执行过程：

① 计算"表达式"的值，若为真，则转向②；若为假，则结束循环，执行循环结构后面的语句。

② 执行"循环体"，执行完毕后重复①。

while 语句的执行过程可简单理解为"当循环条件成立时，执行循环体"，其流程图如图 5-1 所示。

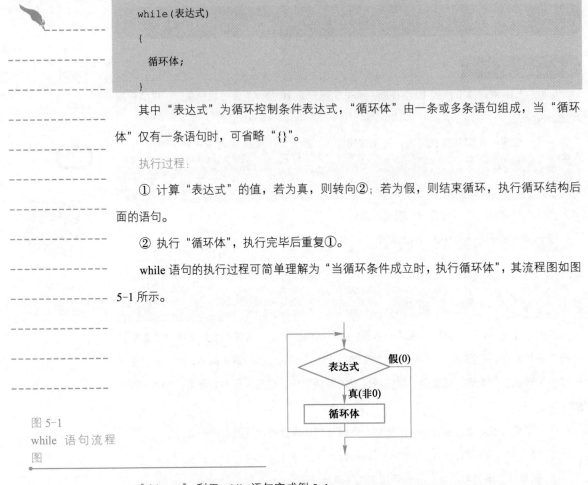

图 5-1
while 语句流程图

【例 5-2】利用 while 语句完成例 5-1。

源代码
【例 5-2】程序

```
#include <stdio.h>
void main( )
{   double score, sum=0;
    int i=1;
    while(i<=10)
{   printf("请第%d 位评委亮分：",i);
    scanf("%lf",&score );
    sum=sum+score;
    i++;
    }
    printf("该选手的得分为：%.2lf.\n",sum);
}
```

程序运行结果如图 5-2 所示。

图 5-2
程序运行结果

【随堂练习 5-1】

1. 利用 while 语句计算自然数序列 1，2，3，…，n 的和，n 的值在程序执行时输入。

2. 利用 while 语句计算 1~n 中的奇数之和及偶数之和。

5.2.2　do-while 语句

do-while 语句的一般格式：

```
do
{
    循环体;
}while(表达式);
```

微课 25
do-while 循环
语句

执行过程：先执行一次"循环体"，再计算"表达式"的值，若为真，则重复执行循环体，直到"表达式"的值为假时结束循环，执行循环结构后面的语句。

while 语句的执行过程可简单理解为"执行循环体，当循环条件不成立时结束"，其流程图如图 5-3 所示。

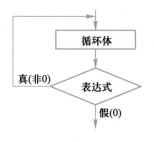

图 5-3
do-while 语句流
程图

【例 5-3】　利用 do-while 语句完成例 5-1。

源代码
【例 5-3】程序

```c
#include <stdio.h>
void main( )
{ double  score, sum=0;
    int  i=1;
    do
    {   printf("请第%d位评委亮分：",i);
        scanf("%lf",&score );
        sum=sum+score;
```

```
            i++;
    } while(i<=10);
    printf("该选手的得分为：%.2lf.\n",sum);
}
```

【随堂练习 5-2】

1．利用 do-while 语句计算 1～n 中的奇数之和及偶数之和。

2．利用 do-while 语句计算 1+1/2+1/3+…+1/n。

5.2.3　for 语句

微课 26　for 循
环语句

for 语句的一般格式：

```
for(表达式 1；表达式 2；表达式 3)
{
    循环体；
}
```

其中，"表达式 1"通常为"循环变量初值"，"表达式 2"为"循环控制条件表达式"，"表达式 3"为"循环变量增量"，3 个表达式之间必须用"；"隔开；"循环体"由一条或多条语句组成，当"循环体"仅有一条语句时，可省略"{}"。

执行过程：

① 首先计算"表达式 1"。

② 计算"表达式 2"的值，若为真，则执行"循环体"，然后转步骤③执行；若为假，则结束循环，执行循环结构后面的语句。

③ 计算"表达式 3"，转步骤②执行。

for 语句的流程图如图 5-4 所示。

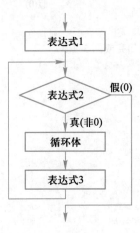

图 5-4
for 语句流程图

【例 5-4】 利用 for 语句完成例 5-1。

```c
#include <stdio.h>
void main( )
{ double score, sum=0;
  int i;
  for(i=1;i<=10;i++)
  { printf("请第%d 位评委亮分: ",i);
    scanf("%lf",&score );
    sum=sum+score;
  }
  printf("该选手的得分为: %.2lf.\n",sum);
}
```

【随堂练习 5-3】

1．利用 for 语句计算 1～n 中的奇数之和及偶数之和。

2．利用 for 语句计算 1+1/2+1/3+…+1/n。

重点提示:

for 语句可以有一些变形的描述方式，但 3 个表达式间的间隔符 ";" 不能省略。

① "表达式 1" 可以是逗号隔开的多个表达式，并且可以移至 for 语句之前。

② "表达式 2" 可以为空，表示 "循环控制条件" 永远为真。

③ "表达式 3" 可以是逗号隔开的多个表达式，并且可以移至 for 语句中的 "循环体" 末尾，与 "循环体" 合并成新的 "循环体"。

【例 5-5】 例 5-4 程序代码的另外一种写法。

```c
#include <stdio.h>
void main( )
{ double score, sum=0;
  int i=1;                    //表达式 1 移至 for 语句之前
  for( ;i<=10; )
  { printf("请第%d 位评委亮分: ",i);
    scanf("%lf",&score );
    sum=sum+score;
    i++;                      //表达式 3 移至循环体末尾
  }
  printf("该选手的得分为: %.2lf.\n",sum);
}
```

5.3 循环结构控制语句

5.3.1 break 语句

微课 27 break
语句的使用

break 语句在 switch 多分支选择结构中出现过，其作用是终止当前 switch 语句。与此类似，break 语句用于循环结构时，其作用是终止循环。一般来讲，循环结构都有其正常的"循环控制条件"，但有时也有一些特殊的因素导致循环结束，此时就需要使用 break 语句。

下面以 while 循环为例，描述 break 语句的使用。

```
while(表达式 1)
{
    …
    if(表达式 2)  break;
    …
}
```

正常情况下，该循环结构的执行由循环控制条件"表达式 1"控制，当"表达式 1"为假时，循环结束。但是在程序执行的过程中，如果"表达式 2"为真，则执行 break 语句，此时也会终止循环。

【例 5-6】 输入若干字符，对输入的英文字母原样输出，其他字符不输出，直到输入回车键时结束。

分析：如果不涉及"输入回车键结束"，该问题循环体的内容为"输入一个字符，如果该字符为字母就原样输出"，在"永真"的条件下反复执行循环体即可。但是由于题目要求"输入回车键结束"，则在循环体中就需要增加一个终止循环的条件——输入字符为回车键，当条件满足时就终止循环。利用 break 语句实现该程序的流程图如图 5-5 所示。

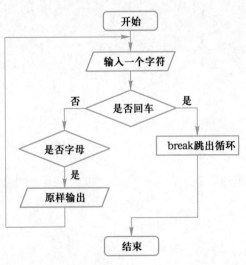

图 5-5
使用 break 语句实现

程序代码如下：

源代码
【例 5-6】程序

```
#include <stdio.h>
void main( )
{  char ch;
   while(1)
   { ch=getchar();
    if(ch=='\n')
     break;
    else if(ch>='a'&&ch<='z'||ch>='A'&&ch<='Z')
          putchar(ch);
   }
}
```

5.3.2　continue 语句

continue 语句的作用是提前结束本次循环，跳过循环体中尚未执行的语句，进行下一次是否执行循环的判定。下面以 while 循环为例，描述 continue 语句的使用。

微课 28　continue
语句的使用

```
while(表达式 1)
{
 …
 if(表达式 2)  continue;
 …
}
```

在循环控制条件"表达式 1"成立的情况下，则执行循环体，在执行循环体的过程中如果"表达式 2"为真，执行 continue 语句，即不再执行 continue 后面的循环体语句，转到"表达式 1"进行下一次循环控制条件的判定。

【例 5-7】　利用 continue 语句完成例 5-6 题目要求。

分析：换一种思路分析该题目。首先输入字符并判断是否回车，如果是回车就结束，如果不是回车，就判断是否为其他字符（即非字母字符），如果是其他字符，就重新输入字符并判断是否回车，否则原样输出。利用 continue 语句实现该程序的流程图如图 5-6 所示。

程序代码如下：

源代码
【例 5-7】程序

```
#include <stdio.h>
void main( )
{  char ch;
  while((ch=getchar())!='\n')
   { if(!(ch>='a'&&ch<='z'||ch>='A'&&ch<='Z'))
```

```
        continue;
    putchar(ch);
    }
}
```

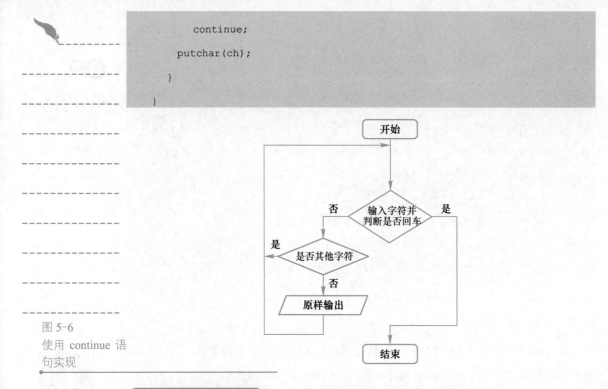

图 5-6
使用 continue 语
句实现

5.4 综合应用案例

源代码
【例 5-8】程序

【例 5-8】 输入一行字符，统计字符的个数。

分析：输入一行字符，字符的个数未定，可以用回车键作为输入结束的条件。定义一个整型变量 num 作为字符个数的计数器，定义一个字符型变量 ch 保存从键盘输入的字符，当输入一个字符后对计数器变量 num 加 1，直至输入回车键结束。

程序代码如下：

```
#include<stdio.h>
void main()
{
    char ch;
    int num=0;
    printf("请输入一行字符: ");
    while((ch=getchar())!='\n')    //若按回车键则结束输入，并且回车符不计入
    {
        num++;
    }
    printf("一共输入了%d个字符.\n", num);
}
```

源代码
【例 5-9】程序

【例 5-9】 (例 5-8 拓展)输入一行字符，分别统计其中英文字符、数字字符和其他字符的个数。

分析：同例 5-8 一样，输入一行字符，字符的个数未定，可以用回车键作为输入结束的条件。分别定义 3 个整型变量 char_num、int_num、other_num 作为英文字符、数字字符和其他字符的计数器，定义一个字符型变量 ch 保存从键盘输入的字符，当输入一个字符后判断该字符是英文字符、数字字符还是其他字符，然后对相应的计数器加 1。

程序代码如下：

```c
#include<stdio.h>
void main()
{
    char ch;
    int char_num=0,int_num=0,other_num=0;
    printf("请输入一行字符: ");
    while((ch=getchar())!='\n')    //若按回车键则结束输入，并且回车符不计入
    {
        if(ch>='A'&&ch<='Z'||ch>='a'&&ch<='z')
            char_num++;
        else if(ch>='0'&&ch<='9')
            int_num++;
        else
            other_num++;
    }
    printf("统计结果: 字母%d 个;\n 数字%d 个;\n 其他字符%d 个.\n",char_num,
    int_num,other_num);
}
```

【例 5-10】 自幂数是指一个 n 位整数，它的每个位上的数字的 n 次幂之和等于它本身。当 n 为 4 时，自幂数称为玫瑰花数，试编程输出 1000~9999 范围内所有的玫瑰花数。(形如 $1^4+6^4+3^4+4^4=1634$)

分析：设这个 4 位整数为 n，它的各位数字从高到低分别为 a、b、c 和 d。依题意得，当 a、b、c 和 d 分别的 4 次幂之和等于整数 n 时，这个数就是玫瑰花数。

程序代码如下：

```c
#include <stdio.h>
void main()
{int i,n,a,b,c,d;
 for(i=1000;i<=9999;i++)
 { n=i;
```

源代码
【例 5-10】程序

```
        a=n%10;

        b=n/10%10;

        c=n/100%10;

        d=n/1000;

        if(a*a*a*a+b*b*b*b+c*c*c*c+d*d*d*d==n)

            printf("%6d",n);

    }

}
```

【例 5-11】 有一个古典的数学问题：有一对兔子，从出生后第三个月起每个月都生一对新兔子，且一雌一雄。新兔长到第三个月后，每个月又生一对新兔子，并且也为一雌一雄。假设所有兔子都不死，问 1～20 月每个月的兔子总数为多少？

表 5-1　兔子繁殖的规律

月数	新生兔子对数	满一个月不满两个月的兔子对数	满三个月的兔子对数	兔子总对数
1	1	0	0	1
2	0	1	0	1
3	1	0	1	2
4	1	1	1	3
5	2	1	2	5
6	3	2	3	8
7	5	3	5	13
8	8	5	8	21
⋮	⋮	⋮	⋮	⋮

表 5-1 列出了兔子繁殖的规律，可以看出每个月的兔子总数依次为 1，1，2，3，5，8，13，21，…，这就是意大利数学家列昂纳多·斐波那契（Leonardo Fibonacci）发明的斐波那契数列，又称黄金分割数列。这个数列有如下特点：第 1 个和第 2 个两个数都为 1，从第 3 个数开始，每个数是其前面两个数之和，即

$$f_n = \begin{cases} 1 & (n=1) \\ 1 & (n=2) \\ f_{n-1}+f_{n-2} & (n \geqslant 3) \end{cases}$$

分析：由前两个月的兔子数可以推导出第三个月的兔子数，所以最简易的方法是，设第 1 个月的兔子数 $f_1=1$，第 2 个月的兔子数 $f_2=1$，则 $f_3=f_2+f_1$，$f_4=f_3+f_2$，$f_5=f_4+f_3$，…，$f_{20}=f_{19}+f_{18}$，但这样的程序太繁琐冗长。应该利用循环来处理，这样就要重复利用变量名，一个变量名在不同的时间代表不同月的兔子数。在开始时，f_1 代表第 1 个月的兔子数，f_2 代表第 2 个月的兔子数，f_3 代表第 3 个月的兔子数，则 $f_3=f_2+f_1$。然后一直让 f_3 代表当前月的兔子数，f_2 代表前 1 个月的兔子数，f_1 代表前 2 个月的兔子数，即反复执行：$f_3=f_1+f_2;f_1=f_2;f_2=f_3;$，即可逐步计算出每个月的兔子总数。

程序代码如下：

源代码
【例 5-11】程序

```
#include <stdio.h>

int main()
{
    int f1=1,f2=1,f3;
    int i;
    printf(" 1-%5d\n 2-%5d\n",f1,f2);
    for(i=1;i<=18;i++)
    { f3=f1+f2;
      printf("%2d-%5d\n",i+2,f3);
    f1=f2;
    f2=f3;
    }
    return 0;
}
```

【例 5-12】 编程输出"满九九乘法表"。

分析：由于满九九乘法满九行满九列，行和列分别从 1 变化到 9，见表 5-2。

表 5-2 满九九乘法表示意图

	1	2	3	4	5	6	7	8	9
1	1×1=1	2×1=2	3×1=3	4×1=4	5×1=5	6×1=6	7×1=7	8×1=8	9×1=9
2	1×2=2	2×2=4	3×2=6	4×2=8	5×2=10	6×2=12	7×2=14	8×2=16	9×2=18
3	1×3=3	2×3=6	3×3=9	4×3=12	5×3=15	6×3=18	7×3=21	8×3=24	9×3=27
4	1×4=4	2×4=8	3×4=12	4×4=16	5×4=20	6×4=24	7×4=28	8×4=32	9×4=36
5	1×5=5	2×5=10	3×5=15	4×5=20	5×5=25	6×5=30	7×5=35	8×5=40	9×5=45
6	1×6=6	2×6=12	3×6=18	4×6=24	5×6=30	6×6=36	7×6=42	8×6=48	9×6=54
7	1×7=7	2×7=14	3×7=21	4×7=28	5×7=35	6×7=42	7×7=49	8×7=56	9×7=63
8	1×8=8	2×8=16	3×8=24	4×8=32	5×8=40	6×8=48	7×8=56	8×8=64	9×8=72
9	1×9=9	2×9=18	3×9=27	4×9=36	5×9=45	6×9=54	7×9=63	8×9=72	9×9=81

通过表 5-2 可以看出表与乘法算式的关系，其中，用变量 i 代表行，用变量 j 代表列，则第 i 行第 j 列的算式就是 $j*i$。同时，对于第 i 行来说，随着 j 从 1 变化到 9 就陆续得到了各个算式。由此，使用 for 循环可以得出如下程序结构：

```
for(i=1;i<=9;i++)    //变量 i 控制行的变化
{
    for(j=1;j<=9;j++)    //变量 j 控制列的变化
    {
    …
```

```
        }
    }
```

以上就是典型的多重循环 (也称 "循环嵌套")，即在一个循环结构语句中又包含了一个循环结构语句。这样一来，外层 for 循环执行 9 次，每次执行外层 for 循环时，内层 for 循环也会执行 9 次，总共就执行了 81 次。现在只要写好输出语句就可以实现九九乘法表了。

程序代码如下：

源代码
【例 5-12】程序

```c
#include <stdio.h>
void main()
{
    int i,j;
    for(i=1;i<=9;i++)
    {
        for(j=1;j<=9;j++)
            printf("%d*%d=%-4d", j , i , j*i );
        printf("\n");
    }
}
```

【思考】运行以上程序代码会发现，输出结果为满九行九列的九九乘法表，但实际上常见的九九乘法表的效果如图 5-7 所示，请思考如何实现。

图 5-7
九九乘法表输出效果

```
1*1=1
1*2=2   2*2=4
1*3=3   2*3=6   3*3=9
1*4=4   2*4=8   3*4=12  4*4=16
1*5=5   2*5=10  3*5=15  4*5=20  5*5=25
1*6=6   2*6=12  3*6=18  4*6=24  5*6=30  6*6=36
1*7=7   2*7=14  3*7=21  4*7=28  5*7=35  6*7=42  7*7=49
1*8=8   2*8=16  3*8=24  4*8=32  5*8=40  6*8=48  7*8=56  8*8=64
1*9=9   2*9=18  3*9=27  4*9=36  5*9=45  6*9=54  7*9=63  8*9=72  9*9=81
```

【例 5-13】百元百鸡问题。我国古代数学家张丘建在《算经》中出了一道题：鸡翁一，值钱五；鸡母一，值钱三；鸡雏三，值钱一。百钱买百鸡，问鸡翁、鸡母、鸡雏各几何？这是一个古典数学问题，意思是说用一百个铜钱买了一百只鸡，其中，公鸡一只 5 钱，母鸡一只 3 钱，小鸡一钱 3 只，问一百只鸡中公鸡、母鸡、小鸡各多少只。

分析：设一百只鸡中公鸡、母鸡、小鸡分别为 x、y、z，问题化为三元一次方程组如下。

$$\begin{cases} 5x+3y+z/3=100（百钱） \\ x+y+z=100（百鸡） \end{cases}$$

这里 x、y、z 为正整数，且 z 是 3 的倍数；由于鸡和钱的总数都是 100，可以确定 x、y、z 的取值范围：

① x 的取值范围为 $1 \sim 20$。

② y 的取值范围为 $1 \sim 33$。

③ z 的取值范围为 $3 \sim 99$，步长为 3。

源代码
【例 5-13】程序

对于这个问题可以用穷举的方法，遍历 x、y、z 的所有可能组合，最后得到问题的解。

程序代码如下：

```c
#include <stdio.h>
void main()
{   int gongji,muji,xiaoji;
    printf("百元买百鸡问题可能的解有：\n");
    printf("公鸡\t 母鸡\t 小鸡\n");
    for(gongji=1;gongji<=20;gongji++)         //公鸡可能的数量范围
    {
        for(muji=1;muji<=33;muji++)           //母鸡可能的数量范围
        {
            for(xiaoji=3;xiaoji<=100;xiaoji=xiaoji+3)    //小鸡可能的数量范围
            {
                //条件判断：钱数=百元&&鸡数=百只
                if((xiaoji/3+muji*3+gongji*5==100)&&(xiaoji+muji+gongji==100))
                    printf("%4d\t%4d\t%4d\n",gongji,muji,xiaoji);
            }
        }
    }
}
```

👓 单元总结

在本单元中，如何理解循环的本质、如何分析循环的 3 个要素，以及如何描述循环结构语句是核心内容。通过本单元的学习，应知道：

1. 循环的本质是将程序员从大量重复编写相同代码的工作中解放出来，减少程序源代码的存储空间，提高程序的质量，提高程序编写的工作效率，但计算机执行程序的工作量并没有减少。

2. 循环结构的三要素包括＿＿＿＿＿＿＿＿＿＿＿、＿＿＿＿＿＿＿＿＿＿＿、
＿＿＿＿＿＿＿＿＿＿＿。

3. 循环结构描述语句有＿＿＿＿＿＿＿、＿＿＿＿＿＿＿和＿＿＿＿＿＿＿三种。其中 while 和 do-while 的区别在于＿＿＿＿＿＿＿＿＿＿＿＿＿＿＿＿。

4. 循环结构控制语句 break 的作用是_____；
循环结构控制语句 continue 的作用是_____。

5. 在一个循环结构语句中又包含了一个循环结构语句称之为_____。程序执行时，外层循环每执行一次，内层循环就要完整地执行完，直至内层循环执行结束，再开始执行下一次外层循环。

学习完本单元，应该掌握 C 语言循环结构程序设计的思路和基本语句的用法。

🔖 知识拓展

算法的时间复杂度

同一问题可以用不同的算法解决，而一个算法的质量优劣将影响到算法乃至整个程序的效率。算法分析的目的在于选择合适算法和改进算法。

算法的复杂性体现在运行该算法时计算机所需资源的多少，计算机资源最重要的是时间资源和空间资源，因此算法复杂度分为时间复杂度和空间复杂度。时间复杂度是指执行算法所需要的计算工作量；而空间复杂度是指执行这个算法所需要的内存空间。这里主要讲述时间复杂度，空间复杂度将在下一单元的知识拓展中讲述。

一个算法执行时所耗费的时间，从理论上是不能算出来的，必须上机运行测试才能知道。但程序设计员不可能也没有必要对每个算法都上机测试，只需知道哪个算法花费的时间多，哪个算法花费的时间少就可以了。并且一个算法花费的时间与算法中语句的执行次数成正比例，哪个算法中语句执行次数多，花费的时间就多。一个算法中的语句执行次数称为语句频度或时间频度。

华为公司曾经为面试者出过这样一个笔试题目：当 n 值比较大时，编程计算 $1+2+3+\cdots+n$ 的值（假定结果不会超过长整型变量的范围）。当看到这个题目后，很多面试者毫不犹豫地写出了如下答案：

```
long i,n,sum = 0;
scanf("%ld",&n);
for( i=1; i<=n; i++ )
   sum+= i;
printf("sum=%ld",sum);
```

也有一些面试者略做思考之后写出了如下答案：

```
long i,n,sum = 0;
scanf("%ld",&n);
sum=(1+n)*n/2;
printf("sum=%ld",sum);
```

　　对于第 1 个答案使用了循环结构，该方案简单易懂，循环体 sum += i;执行 n 次后得出答案；第 2 个答案使用了数学公式解决方案，该方案简单直接，执行一次表达式 $(1 + n)$ *n/2 即可得出答案。大家看过之后，很容易分析出哪个答案最优，第 1 个答案不管怎么"折腾"，其效率也不可能与直接得出结果的第 2 个答案相比，后者的时间复杂度明显优于前者。所以优秀的程序员需要敏感地将数学等知识用在程序设计中，在程序设计时，应充分考虑算法的质量。

　　算法的时间复杂度直接影响着程序的执行效率，需要在编程中时刻考虑，这也是对程序员的基本要求。但是这需要许多算法方面的知识，对于初学者来说，往往以完成题目要求的功能为目的，程序的执行效率是最容易忽略的一个问题，但在学习过程中要注意这种思想的培养，从学习之初就打下良好的基础。

第二部分
提 高 篇

2

单元 6 批量数据的处理

 导学

C 语言的基本数据类型包括整型、浮点型和字符型，通过前面各单元的学习，读者已经会使用这些基本数据类型定义一个一个单独的变量，用以解决简单的数据处理问题，然而现实生活中的数据往往没有那么简单。

以选秀节目中评委打分为例，如果要把每位评委的分数保存下来，按照之前所学到的知识，对于 10 个评委就需要定义 10 个变量。但是这会存在两个问题：其一，程序太繁琐，如果有 50 个、100 个评委，怎么办？其二，没有反应出这些数据之间的内在联系。实际上这些数据是同类型的、具有相同属性的数据。那么，能否使用一种方式把这些数据统一表示呢？就像数学中用通项式 a_i（$i \in [1, n]$）表示数列 a_1，a_2，…，a_{n-1}，a_n 一样，既体现了数据的数量，又体现了数据间具有相同属性的关系。

C 语言提供了"数组"这一构造类型来表示一批具有相同属性的数据。同时将数组与循环结合起来，可以快速地处理大批量的数据，极大地提高了工作效率。

在学习本单元的过程中，完成如下问题：

【问题 6-1】 定义数组的一般格式是什么？数组中的每个数据如何表示？

_____

_____

【问题 6-2】 为什么数组与循环结构密不可分？

_____

_____

_____

本单元学习任务

1. 掌握一维数组和二维数组的定义、初始化及引用方法。
2. 理解并掌握数组的输入、输出、排序等基本操作。
3. 理解字符数组与字符串的关系，掌握字符串的基本操作。
4. 培养应用数组分析和解决实际问题的能力。

知识描述

6.1 一维数组

　　一维数组是一组用来存放多个相同类型的数据集合，该集合中的每一个成员称为元素，每个数组元素通过数组名和一个下标就能唯一确定，所以称之为一维数组。如同普通变量的使用一样，数组在使用之前要先定义。

6.1.1 一维数组的定义

【例 6-1】

```
int a[10];   //表示定义了一个整型数组，数组名为 a，有 10 个数组元素
```

定义一维数组的一般格式为：

```
类型标识符　数组名[整型常量表达式];
```

说明：

① "类型标识符"用来指定数组中各个元素的类型。

② "数组名"应是合法的用户标识符。

③ "整型常量表达式"表示数组长度（数组元素个数），数组元素的表示从下标 0 开始。

④ C 编译系统为数组分配连续的存储空间，数组名代表数组在内存中存放的首地址（即数组第 1 个元素在内存中的存储地址）。

　　如例 6-1 中定义的数组，存储情况如图 6-1 所示，每个存储单元占 4B。

图 6-1 整型数组 a[10] 存储情况

a(数组名)

a[0]	a[1]	a[2]	a[3]	a[4]	a[5]	a[6]	a[7]	a[8]	a[9]

【例 6-2】

```
① float b[100];          //定义一个 float 型数组，数组名为 b，该数组有 100 个元素
② #define N 20           //先定义一个符号常量 N 代表整数 20
  int s[N];              //定义了整型数组 s
③ int n=20; int array[n];  //此定义方式不正确，因为"数组长度"不是常量表达式
```

【随堂练习 6-1】

1. 定义一个一维数组，用来保存选秀节目中 10 个评委给出的分数。

2. 有数组定义 double p[8]，数组中每个元素占用____字节，整个数组占用____字节，_____可以代表数组在内存中存放的首地址。

6.1.2 一维数组的初始化

　　如果各个数组元素的值是已知的，在定义数组的同时可以给各个数组元素赋值，称为数组的初始化。

【例 6-3】

```
int a[10]={0,1,2,3,4,5,6,7,8,9};
```

在定义数组时，将数组中各元素的初值顺序放在"{}"内，数据间用逗号隔开，这样就完成了对数组各个元素全部初始化。经过上面的定义和初始化后，数组元素 a[0]到 a[9]的值依次为 0 到 9。

在数组定义时，可以对数组各个元素全部初始化，也可部分初始化，还可以不初始化。

【例 6-4】

```
① int a[10]={0,1,2,3};  //表示只给数组前 4 个元素赋初值，后 6 个元素系统自动赋初值为 0
② int a[]={0,1,2,3,4};  //数组长度可以根据初始化数据的个数确定，所以该数组长度为 5
③ int a[10];            //数组未初始化，数组各个元素的值是随机的
```

【随堂练习 6-2】

定义一个用来保存 10 个评委分数的数组，并初始化：＿＿＿＿＿＿＿＿＿＿＿＿＿。

6.1.3　一维数组元素的引用

定义数组之后，就可以对数组中的数据进行操作了。

微课 30　一维数组元素的初始化及引用

【例 6-5】

```
int a[10];
a[0]=0;                    //引用 a[0]元素，为其赋值为 0
scanf("%d",&a[1]);        //引用 a[1]元素，为其输入值
printf("%d",a[0]+a[1]);   //引用 a[0]、a[1]元素，输出两数组元素之和
```

引用数组元素的一般格式为：

数组名[下标]

下标可以用常量、变量及表达式，但必须有确定的值。下标的范围为[0]到[数组长度−1]，不能超过数组的范围，若引用越界可能会产生意想不到的后果。同时需要注意的是，每次只能引用一个数组元素，而不能一次引用整个数组。

【例 6-6】若有数组定义：int a[10];，以下两个想法和表达是错误的：

① 认为 a[1]是数组的第 1 个元素，a[10]是数组的最后一个元素。

② 认为通过 a[10]可以引用数组所有元素，所以想执行如下操作：

```
a[10]={0,1,2,3,4,5,6,7,8,9};  //想为数组元素 a[0]到 a[9]赋值
a[10]=0;                       //想为数组元素 a[0]到 a[9]都赋值 0
scanf("%d",a[10]);            //想为数组各元素输入值
printf("%d",a[10]);          //想输出数组各元素值
```

实际上，对数组元素的引用往往是通过变量的参与来完成的，例如使用 a[i]引用数组元素，随着 i 在下标范围内的变化访问相应数组元素，这样就可以使用循环操作一维数组了。

【例 6-7】 一维数组的输入和输出。

```
#include <stdio.h>
void main()
{int a[10],i;
 for(i=0;i<10;i++)          //为十个数组元素输入值
   scanf("%d",&a[i]);
 for(i=0;i<10;i++)          //输出十个数组元素值
    printf(" %d",a[i]);
}
```

第 1 个 for 循环中，随着 i 的变化依次访问 $a[0]\sim a[9]$，并使用 scanf 语句为各元素输入值；第 2 个 for 循环中，随着 i 的变化依次访问 $a[0]\sim a[9]$，并使用 printf 语句输出各元素值。在处理数组数据操作时，如何通过控制下标的变化实现相应的操作是关键所在。

【例 6-8】 某选秀节目有 10 位评委，根据评委给分情况，找出最高分和最低分。

分析：定义变量 max 表示最高分，min 表示最低分，先假定最高分和最低分均为 $a[0]$，然后利用 for 循环随着 i 的变化依次访问 $a[1]\sim a[9]$，在此过程中，让 max 和 min 和每一个分数 $a[i]$ 进行比较，最终得到所有分数的最高分和最低分。

程序实现代码如下：

```
#include <stdio.h>
void main()
{int a[10],i;
 int max,min;                    //max 表示最高分，min 表示最低分
 printf("请输入十个评委打分:");
 for(i=0;i<10;i++)               //输入评委打分
   scanf("%d",&a[i]);
 max=min=a[0];                   //假设最高分和最低分均为 a[0]
 for(i=1;i<10;i++)               //依次和各个元素比较
 { if(a[i]>max) max=a[i];
   if(a[i]<min) min=a[i];
 }
 printf("最高分为:%d,最低分为:%d.",max,min);  //输出最高分和最低分
}
```

6.2　二维数组

如果把一维数组看作数轴上的点的集合，那么二维数组就是平面直角坐标系上的点的集合。二维数组的元素需要指定两个下标才能唯一的确定。

6.2.1　二维数组的定义

【例 6-9】

微课 31　二维数
组的定义

```
int a[3][4];   //表示定义了一个整型二维数组，数组名为 a，有 12 个数组元素
```

定义二维数组的一般格式为：

类型标识符　数组名[整型常量表达式 1]　[整型常量表达式 2]；

说明：

①　"整型常量表达式 1"表示第 1 维下标的长度，"整型常量表达式 2"表示第 2 维下标的长度，两个表达式分别用方括号括起来。

②　C 编译系统为二维数组分配连续的存储空间，将二维数组元素按行依次存储，数组名代表数组在内存中存放的首地址。

如例 6-8 中定义的二维数组，所包含的数组元素及其存储情况如图 6-2 所示，先存放 a[0]行，再存放 a[1]行，依次类推，a[0]、a[1]、a[2]分别表示各行首地址。每行的元素也是依次存放的，每个存储单元占 4 个字节。

a(数组名)

a[0]行				a[1]行				a[2]行			
a[0][0]	a[0][1]	a[0][2]	a[0][3]	a[1][0]	a[1][1]	a[1][2]	a[1][3]	a[2][0]	a[2][1]	a[2][2]	a[2][3]

图 6-2
整型二维数组
a[3][4]存储情况

由图 6-2 可以看出，一个二维数组可以看成是若干个一维数组。

【随堂练习 6-3】

判断如下二维数组的定义方式是否正确？

(1) float b[10][10];

(2) #define N 20

　　int s[N][N];

(3) int n=20; int array[n][10];

(4) double a[4,5];

6.2.2　二维数组的初始化

二维数组的初始化，以数组元素的存储顺序为依据。

【例 6-10】

微课 32　二维数
组元素的初始化
及引用

```
int a[3][4]={{0,1,2,3},{4,5,6,7},{8,9,10,11}};
```

这种初始化方式比较直观，按行赋初值，即{0,1,2,3}给 a[0]行各元素初始化，{4,5,6,7}给 a[1]行各元素初始化，{8,9,10,11}给 a[2]行各元素初始化。

等价于：

```
int a[3][4]={0,1,2,3,4,5,6,7,8,9,10,11};
```

例 6-10 的初始化结果如图 6-3 所示。

图 6-3
整型二维数组
a[3][4]初始化结果

a[0]行				a[1]行				a[2]行			
a[0][0]	a[0][1]	a[0][2]	a[0][3]	a[1][0]	a[1][1]	a[1][2]	a[1][3]	a[2][0]	a[2][1]	a[2][2]	a[2][3]
0	1	2	3	4	5	6	7	8	9	10	11

在二维数组定义时，还有对部分元素赋初值等其他的初始化方式。

【例 6-11】

```
int a[3][4]={{1},{2},{3}};    //对各行部分元素初始化
```

例 6-11 的初始化结果如图 6-4 所示。

图 6-4
例 6-11 的初始化结果

a[0]行				a[1]行				a[2]行			
a[0][0]	a[0][1]	a[0][2]	a[0][3]	a[1][0]	a[1][1]	a[1][2]	a[1][3]	a[2][0]	a[2][1]	a[2][2]	a[2][3]
1	0	0	0	2	0	0	0	3	0	0	0

【例 6-12】

```
int a[3][4]={1,2,3};    //按存储顺序给部分元素初始化
```

例 6-12 的初始化结果如图 6-5 所示。

图 6-5
例 6-12 的初始化结果

a[0]行				a[1]行				a[2]行			
a[0][0]	a[0][1]	a[0][2]	a[0][3]	a[1][0]	a[1][1]	a[1][2]	a[1][3]	a[2][0]	a[2][1]	a[2][2]	a[2][3]
1	2	3	0	0	0	0	0	0	0	0	0

【例 6-13】

```
int a[][4]={1,2,3,4,5,6,7,8,9,0};//数组定义时不指定一维下标长度，根据初始化情况决定
```

当不指定一维下标长度时，一维下标长度由初始化数据数量除以二维下标长度决定。可以看出有 10 个初始化数值，二维下标长度为 4，可以算出一维下标长度为 3。所以上述定义等价于：

```
int a[3][4]={1,2,3,4,5,6,7,8,9,0};
```

【思考】 定义二维数组并初始化时，能省略第 2 个维度的下标长度吗？

6.2.3 二维数组元素的引用

引用二维数组元素的方法与一维数组类似，一般格式为：

数组名[下标 1][下标 2]

二维数组元素的访问涉及第 1 维和第 2 维两个下标，所以对二维数组的操作通常和二重循环相结合。

【例 6-14】 二维数组数据的输入和输出。

源代码
【例 6-14】程序

```
#include <stdio.h>
void main()
{int a[3][4],i,j;
  for(i=0;i<3;i++)            //二维数组的输入
```

```
    for(j=0;j<4;j++)
        scanf("%d",&a[i][j]);
  for(i=0;i<3;i++)          //二维数组的输出
  { for(j=0;j<4;j++)
      printf(" %d",a[i][j]);
    printf("\n");           //每输出一行后换行
  }
}
```

【例 6-15】 将一个 3×3 的矩阵存入二维数组中，找出其中的最大值以及对应的行下标和列下标。

源代码
【例 6-15】程序

```
#include <stdio.h>
void main()
{int a[3][3],i,j;
 int max,row=0,colum=0;
 for(i=0;i<3;i++)          //输入矩阵
   for(j=0;j<3;j++)
     scanf("%d",&a[i][j]);
 max=a[0][0];
 for(i=0;i<3;i++)
   for(j=0;j<3;j++)
     if(max<a[i][j])
     { max=a[i][j];
       row=i;              //记录行下标和列下标
       colum=j;
     }
 printf("最大值是%d,行下标为%d,列下标为%d.\n",max,row,colum);
}
```

【随堂练习 6-4】

在某选秀节目中安排了一个选手对抗环节,该环节通过大众媒体评审亮牌的方式表示支持哪方选手。大众评审共 40 位,分坐 4 排,若亮牌情况见表 6-1,请编程统计双方选手各自得票数。

表 6-1 选手亮牌表

A	B	A	A	B	B	B	A	A	B
A	B	B	B	A	A	A	B	A	A
B	B	B	A	B	B	A	A	B	A
A	A	A	B	B	A	B	A	B	A

说明：字符 A 表示支持 1 号选手，字符 B 表示支持 2 号选手。

6.3　字符数组与字符串

字符数组：存放字符型数据的数组，其中每个数组元素的值都是一个字符。

字符串：C 语言用字符数组实现字符串，此时需在字符数组有效字符的末端存放一个字符串结束标志'\0'。

微课 33　字符数组的定义及初始化

6.3.1　字符数组的定义及初始化

字符数组也是数组，其定义、初始化、引用方式与之前学过的一维数组和二维数组基本一样，唯一的区别是字符数组的数组元素的类型为字符型。

【例 6-16】

```
① char s[3],str[4][5];            //定义一维字符数组 s 和二维字符数组 str

② char s[3]={ 'a', 'b', 'c'};     //定义一维字符数组 s，同时为各个元素初始化

③ char str[6]={ 'C', 'h', 'i', 'n', 'a', '\0'};//定义一维字符数组存放字符串
"China"

④ char str[6]={ "China"}; //与（3）等价，可简写为 char str[6]= "China";

⑤ char str[3][10]= { "China","Italy","Germany"};//定义二维字符数组 str，存
放三个字符串
```

需要注意的是，由于字符串结束标志'\0'要占用一个字节的存储空间，在使用字符数组实现字符串操作时，应注意字符数组下标的长度。

6.3.2　字符串及其处理函数

C 语言提供了丰富的字符串处理函数，见附录 A，在程序中使用字符串处理函数之前，需要在程序开头使用编译预处理命令 #include <string.h>。

1.　字符串输入函数 gets( )

函数调用格式：gets(str);

函数功能：在标准输入设备输入一个字符串，以回车符结束，并将字符串存放到 str 指定的字符数组或存储区域中。

【例 6-17】

```
char str[20];

gets(str);
```

若输入为：How are you?<回车>

则将 How are you?存入数组 str 中，同时自动添加字符串结束标志'\0'。

标准输入函数 scanf()与格式控制符%s 配合，也能实现字符串的输入操作，与 gets()不同的是，scanf()在输入字符串时遇空格即结束，也就是说，scanf()只能输入不带空格的字符串。

2. 字符串输出函数 puts( )

函数调用格式：**puts(str);**

函数功能：将 str 中存放的字符串输出到显示器，输出时自动将字符串结束标志'\0'转换为回车换行符。

【例 6-18】

```
char str[20]= "China";
puts(str);
```

输出结果为：**China**

标准输出函数 printf()与格式控制符%s 配合，也能实现字符串的输出操作，与 puts()不同的是，printf()在输出字符串后光标不换行，而 puts()输出字符串后光标回车换行。

3. 求字符串长度函数 strlen( )

函数调用格式：**strlen(str);**

函数功能：求 str 所代表的字符串的长度，不包括字符串结束标志'\0'。

【例 6-19】

```
int len;
char str[20]= "China";
len=strlen(str);    //len 的值为 5
```

4. 字符串复制函数 strcpy( )

函数调用格式：**strcpy(str1,str2);**

函数功能：将字符串 str2 复制到 str1 对应的字符数组或存储区域中。

【例 6-20】

```
char str1[20],str2[20]= "China";
strcpy(str1,str2);
puts(str1);    //输出字符串 str1, 即 China
```

需要说明的是，str1 所对应的存储空间不能小于 str2 所对应的存储空间。

5. 字符串连接函数 strcat( )

函数调用格式：**strcat(str1,str2);**

函数功能：去掉 str1 后的'\0'，将字符串 str2 连接到 str1 的有效字符之后。

【例 6-21】

```
char str1[20]= "Hello!",str2[20]= "China.";
strcat(str1,str2);
puts(str1);    //输出字符串 str1, 即 Hello!China.
```

需要说明的是，str1 所对应的存储空间要能容得下连接后的字符串。

6. 字符串比较函数 strcmp( )

函数调用格式：strcmp(str1,str2);

函数功能：按字典序比较字符串 str1 和 str2 的大小。

比较规则：将两个字符串自左至右逐个字符按 ASCII 值大小比较，直到出现不同的字符或遇'\0'为止。若全部字符相同，则认为两个字符串相等，返回 0 值；否则，计算第一对不同字符的 ASCII 值之差，若为正整数，则 str1>str2，返回值为 1；若为负整数，则 str1<str2，返回值为–1。

【例 6-22】

```
char str1[20]= "Chinese",str2[20]= "China";
if(strcmp(str1,str2)>0)   //比较两个字符串大小，输出较大者
    puts(str1);
else
    puts(str2);
```

需要注意的是，字符串 str1 和 str2 的比较，不能用形如 str1>str2 的条件表达式来实现。

【随堂练习 6-5】

输入两个字符串 str1 和 str2，比较后将较大的字符串存在 str1 中，将较小的存在 str2 中。

除了字符串处理函数之外，在 C 语言中还提供了丰富的字符处理函数，见附录 A，这些函数较易理解，请大家自学。需要提醒的是，在程序中使用字符处理函数之前，需要在程序开头使用编译预处理命令 #include <ctype.h>。

6.4 综合应用案例

【例 6-23】采用冒泡法对选秀节目中 10 位评委所给出的分数排序。

分析：设一维数组 a 有 N 个元素，要求从小到大排序。冒法排序的过程描述如下：

① 每次从首元素开始两两比较，即 $a[j]$ 和 $a[j+1]$ 比较，若 $a[j]>a[j+1]$ 则两元素交换，否则不交换。

② 对每一对相邻元素作同样的工作，从开始第一对到结尾的最后一对。每对元素比较后都可得到"小数在先，大数在后"的结果，这样进行一轮以后，数组最大值就排在了数组最后一个位置。

③ 针对所有的元素（除最后一个元素）重复以上的步骤，就排好数组最后两个位置。

④ 依此类推，经过 N-1 轮比较后完成排序。

冒泡法是一种简单的排序算法。这个算法的名字由来是因为越大（或者越小）的元素会经由交换慢慢"浮"到数列的一端。

程序实现代码如下：

源代码
【例 6-23】程序

```
#include <stdio.h>
#define N 10
```

```
void main()
{   int i,j,k;
    double t,a[N];
    printf("请输入%d个评委所给出的分数:\n",N);    //输入待排序的 N 个数
    for(i=0;i<N;i++)
      scanf("%lf",&a[i]);
    for(i=0;i<N-1;i++)                          //N 个数需要 N-1 轮排序
    {
      for(j=0;j<N-1-i;j++)                      //每轮排序中的两两比较
      { if(a[j]>a[j+1])
        { t=a[j]; a[j]=a[j+1]; a[j+1]=t;
        }
      }
      printf("第%d轮排序后的情况为:\n",i+1);
      for(k=0;k<N;k++)                          //输出每轮排序后的情况
      {
        printf("%7.2lf,",a[k]);
      }
    }
    printf("数组冒泡排序最终结果为:\n");
    for(i=0;i<N;i++)                            //输出最终排序结果
      printf("%7.2lf",a[i]);
    printf("\n");
}
```

程序运行结果如图 6-6 所示。

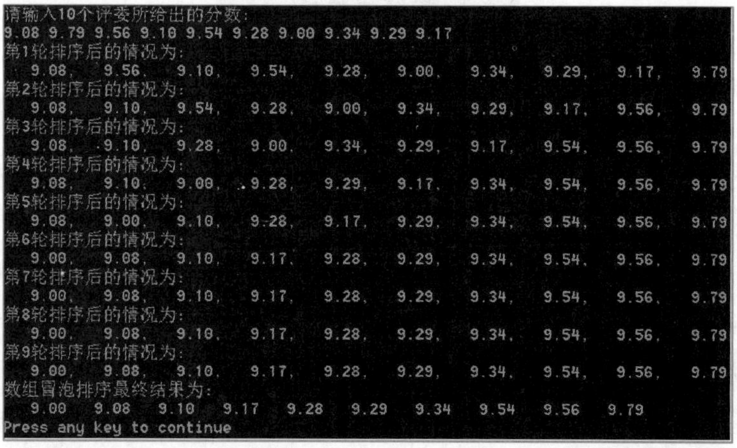

图 6-6
程序运行结果

【例 6-24】某班本学期有五门课程，分别输入某宿舍 4 名同学的各科成绩，输入全部成绩后，统计输出该宿舍每个同学的总成绩。

分析：涉及的数据有 4 名同学各自五门课程的成绩，可定义二维整型数组 $a[4][5]$ 保存成绩，还涉及 4 名同学各自的总成绩，可定义一维数组 $s[4]$ 保存。程序可分为成绩的输入、成绩的统计和总成绩输出 3 个主要步骤。

程序实现代码如下：

源代码
【例 6-24】程序

```
#include <stdio.h>
void main( )
{ int i,j;
 int a[4][5],s[4]={0};
 for(i=0;i<=3;i++)
  { printf("请输入第%d同学的成绩:\n",i+1);
   for(j=0;j<=4;j++)
     scanf("%d",&a[i][j]);
  }
 for (i=0;i<=3;i++)
  for (j=0;j<=4;j++)
    s[i]= a[i][j]+s[i];
 printf("总分分别是:\n");
 for(i=0;i<=3;i++)
   printf("%5d",s[i]);
 printf("\n");
}
```

程序运行结果如图 6-7 所示。

```
请输入第1同学的成绩:
98 87 68 90 68
请输入第2同学的成绩:
90 98 87 76 58
请输入第3同学的成绩:
67 69 87 80 91
请输入第4同学的成绩:
90 89 84 72 70
总分分别是:
   411   409   394   405
Press any key to continue
```

图 6-7
程序运行结果

【例 6-25】从键盘输入一个字符串和一个指定字符，要求输出去掉指定字符后的字符串。例如，字符串为 "*one* *world* *one* *dream*"，要删除的指定字符为 "*"，则输出去掉 "*" 后的字符串为 "one world one dream"。

分析：首先从键盘输入一个字符串和一个字符，然后依次判断该字符串中是否包含所输入的字符，若包含，则将其删除。删除的方法是，当发现含有所输入的字符时，从该位置开始，将其后面的所有字符逐个前移一个字符位置，将被删除的字符覆盖。

程序实现代码如下：

源代码
【例6-25】程序

```c
#include <stdio.h>
#define N 100
void main()
{int i,j;
 char str[N],ch;
 printf("请输入一个字符串:");
 gets(str);
 printf("请输入一个字符:");
 ch=getchar();
 for(i=0;str[i]!='\0';i++)
 {    while(str[i]==ch)         //因为可能出现连续的 ch 字符，所以此处用要循环判断
            for(j=i;str[j]!='\0';j++)   //将 i 后面的所有字符前移一个字符的位置
                str[j]=str[j+1];
 }
 printf("去掉字符%c 后的字符串为:",ch);
 puts(str);
}
```

单元总结

在本单元中，如何定义一维、二维数组、如何操作数组以及如何利用字符数组处理字符串是核心内容。通过本单元的学习，应知道：

1. 数组是一组相同类型的有序数据的集合。数组要先定义后使用，可以在定义时初始化，每个数组元素相当于同类型的变量，使用数组名和下标来唯一确定数组中的元素。

2. 一维数组定义的一般格式为_____，对于已定义好的一维数组，C 编译系统会分配连续的存储空间，_____代表数组在内存中存放的首地址。一维数组的引用方法为_____，其中下标从____开始。

3. 二维数组定义的一般格式为_____，对于已定义好的二维数组，C 编译系统会分配连续的存储空间，将二维数组元素按_____依次存储。二维数组元素的访问涉及第 1 维和第 2 维两个下标，其引用方法为_____。

4. 字符数组是一组字符型数据的有序集合，其中每个数组元素的值都是字符。C 语言用字符数组实现字符串变量，字符串以_____作为结束标志。字符串的输入可以通过_____、_____函数实现，字符串的输出可以通过_____、_____函数

数实现。常见的字符串操作库函数有求字符串长度函数_____、字符串复制函数_____、字符串连接函数_____、字符串比较函数_____，这些库函数的定义都在头文件_____中。常见的字符库函数的定义都在头文件_____中。

5. 数组的操作通常离不开循环结构，在使用循环结构操作数组时应注意下标的变化规律。

通过本单元的学习，应该掌握 C 语言中对于数组这一构造数据类型的使用方法和操作方法。

🔍 知识拓展

算法的空间复杂度

算法复杂度分为时间复杂度和空间复杂度。单元 5 的知识拓展中讲述了时间复杂度，本文将主要谈谈空间复杂度。

一个程序的空间复杂度是指运行完一个程序所需内存的大小。利用程序的空间复杂度，可以对程序的运行所需要的内存多少有个预先估计。一个程序执行时除了需要存储空间和存储本身所使用的指令、常数、变量和输入数据外，还需要一些对数据进行操作的工作单元，以及存储一些中间信息所需的辅助空间。程序执行时所需存储空间包括存储算法本身所占用的存储空间、算法的输入输出数据所占用的存储空间和算法在运行过程中临时占用的存储空间这 3 个方面。

在写代码时，完全可以用空间来换取时间，比如说，要判断某某年是不是闰年，可能会花一点心思写了一个算法，而且由于是一个算法，也就意味着，每次给一个年份，都是要通过计算得到是否是闰年的结果。还有另一个办法就是，事先建立一个有 2 050 个元素的数组（年数略比现实多一点），然后把所有的年份按下标的数字对应，如果是闰年，此数组项的值就是 1，如果不是值为 0。这样，所谓的判断某一年是否是闰年，就变成了查找这个数组的某一项的值是多少的问题。此时，运算是最小化了，但是硬盘上或者内存中需要存储这 2 050 个 0 和 1。

算法的输入输出数据所占用的存储空间是由要解决的问题决定的，是通过参数表由调用函数传递而来的，它不随本算法的不同而改变。存储算法本身所占用的存储空间与算法书写的长短成正比，要压缩这方面的存储空间，就必须编写出较短的算法。算法在运行过程中临时占用的存储空间随算法的不同而异，有的算法只需要占用少量的临时工作单元，而且不随问题规模的大小而改变，人们称这种算法是"就地"进行的，是节省存储空间的算法，如本单元介绍的冒泡排序算法都是如此；有的算法需要占用的临时工作单元数量与解决问题的规模 n 有关，它随着 n 的增大而增大，当 n 较大时，将占用较多的存储单元，排序算法中的快速排序算法就属于这种情况。

一个算法所需的存储空间用 $f(n)$ 表示，$S(n)=O(f(n))$，其中 n 为问题的规模，$S(n)$ 表示空间复杂度。

对于一个算法，其时间复杂度和空间复杂度往往是相互影响的。当追求一个较好的时间复杂度时，可能会使空间复杂度的性能变差，即可能导致占用较多的存储空间；反之，当追求一个较好的空间复杂度时，可能会使时间复杂度的性能变差，即可能导致占用较长的运行时间。另外，算法的所有性能之间都存在着或多或少的相互影响。因此，当设计一个算法（特别是大型算法）时，要综合考虑算法的各项性能、算法的使用频率、算法处理的数据量的大小、算法描述语言的特性、算法运行的机器系统环境等各方面因素，这样才能够设计出比较好的算法。

单元 7 使用函数分工合作

导学

    C 语言中大量使用函数，如 scanf()和 printf()是用来实现格式化输入输出的函数、pow()和 sqrt()是用来计算 x^y 和开方的数学函数、strlen()和 strcmp()是用来求字符串长度和比较字符串大小的字符串函数等。这些具有通用功能的函数是由 C 语言开发环境预先提供给用户的，称之为标准库函数。标准库函数的存在给编程带来了极大的方便。

    但是在实际编程中，有些具有通用性的功能在 C 语言中并没有提供库函数，如数组排序、判断整数奇偶性等。像这些具有独立功能的程序段如果能单独写成一个函数，则减轻了主函数的负担，使程序便于阅读和维护。更重要的是，增强了程序代码的复用性，有利于分工合作，提高程序设计效率。那么在 C 语言中程序员如何自己定义并使用函数呢？

    在学习本单元的过程中，完成如下问题：

【问题 7-1】 用户自定义函数的使用包括哪几个环节？

_____

【问题 7-2】试将例 6-23 中评委分数的输入、排序和排序结果的输出分别用自定义函数来实现。

_____

_____

_____

_____

_____

_____

_____

本单元学习任务

    1. 理解并掌握库函数和用户自定义函数的基本使用方法。

    2. 理解函数间参数传递的过程和本质。

    3. 学会带参数宏定义的使用方法。

    4. 了解函数和变量的作用域及存储类型。

    5. 培养模块化的程序设计思想，培养初步的软件开发团队合作意识。

知识描述

7.1　C 语言中的函数

前几单元所编写的程序，程序的功能全部是在主函数（main）中实现的。编写程序时会发现，如果程序的功能较复杂，主函数就会变得规模较大，使程序的阅读和维护变得困难。另外，当不同的客户软件要实现某一相同的功能时，就要重复编写此功能的程序代码，这就增加了编程者的负担。

因此，有人就想到采用"组装"的办法来简化程序设计。如同手机的生产与组装、计算机的生产与组装一样，都是先生产好各个配件，然后根据需要选取配件组装成成品—这就是"模块化"程序设计思路。而 C 语言程序设计组装的配件称之为"函数"，所以函数是构成 C 程序的基本单位。

C 语言开发和应用先辈们编写了大量的库函数，用户也可以根据需要编写本行业或本专业常用的功能函数，以减少重复编写程序段的工作量，实现模块化的程序设计，进而实现软件开发过程中的分工合作。

【例 7-1】　打印输出如下所示超市购物小票的票头。

> **某某超市欢迎您**
> ******************************

分析：在票头上有两行信息：第 1 行为欢迎词，自定义一个函数 print_welcome 来实现欢迎词的输出功能；第 2 行为不超过打印纸宽度的一定数量的"*"号，自定义一个函数 print_star 来实现"*"号的输出功能，然后用主函数调用这两个函数完成票头的打印。

程序实现代码如下：

源代码
【例 7-1】程序

```c
#include <stdio.h>
void print_welcome();        //声明 print_welcome 函数
void print_star(int n);      //声明 print_star 函数
void main()
{ print_welcome();           //调用自定义函数
 print_star(30);
}
void print_welcome()         //定义 print_welcome 函数
{ printf("\n       某某超市欢迎您      \n");
}
void print_star(int n)       //定义 print_star 函数，n 值为'*'号的数量
{ int i;
  for( i=0;i<n;i++)
```

```
    putchar('*');
}
```

程序运行结果如图 7-1 所示。

图 7-1
程序运行结果

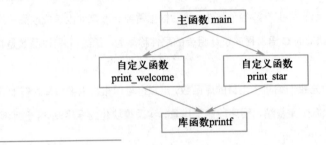

程序中自定义两个函数 print_welcome 和 print_star，这两个函数通过调用库函数 printf 完成输出功能，最后主函数通过调用这两个自定义函数实现了超市购物小票的票头的打印。函数调用关系如图 7-2 所示。

图 7-2
函数调用关系示
意图

通过例 7-1 可以看出：

① 一个程序由一个或多个程序模块组成。对较大的程序，就可以分成若干个模块。这样便于分工合作，提高效率。

② 一个源程序文件由一个或多个函数组成。C 程序的执行从主函数 main 开始，主函数通过调用其他函数完成相关任务，其他函数的地位是平等的，可根据需要相互调用。

③ 被调用的函数分为库函数和用户自定义函数两类。库函数是系统提供的，使用时只需先进行头文件声明，再进行函数调用即可，常用库函数见附录 A；用户自定义函数是用以解决用户专门需要的函数，使用时包括函数的定义、函数的声明和函数的调用 3 个环节。

④ 从函数的外观形式看，函数分为有参函数和无参函数两类。无参函数如 print_welcome，当调用无参函数时，不需要向这些函数传递数据；有参函数如 print_star 和库函数 printf，当调用这类函数时，需要向它们传递数据。

7.2 函数的基本使用

7.2.1 函数的定义

1. 函数应包括以下内容

① 函数名，唯一标识该函数，供使用者以后按名调用。

② 函数返回值类型，用来表明函数执行后是否有返回值，是什么类型的返回值。

③ 函数参数，包括参数的名字和类型，用来表明该函数要接收的参数信息。

④ 函数功能，指函数应当完成的操作，在函数体中编写程序代码实现。

当编程人员想使用一个函数时，这个函数必须客观存在，并且包括以上内容，其完整的

微课 34　函数的
定义

代码描述称为函数的定义。对于 C 语言编译系统提供的库函数来说，其事先已定义好，所以编程者不必关心它们是如何定义的。但对于库函数中没有提供的函数则需要用户自己定义。

2. 用户自定义函数的一般形式

```
函数返回值类型   函数名（形式参数列表）           //函数首部
{   函数体；
}
```

说明：

① 函数的第 1 行称为函数首部，包括函数名、返回值类型和形式参数等信息。以例 7-1 为例，有两个自定义函数，函数名分别为 print_welcome 和 print_star，两个函数都没有返回值，所以返回值类型为 void。对于 print_welcome 函数来说，函数名后面的括号中为空，即没有形式参数，而 print_star 函数包括一个整型参数 n。

② 大括号 "{}" 括起来的部分称为函数体，用来实现函数的功能，函数体一般包括说明语句和可执行语句，函数体用 "{" 和 "}" 作为定界符。以例 7-1 为例，print_welcome 的函数体仅包括一条输出语句，而 print_star 函数体则包括对变量 i 的说明语句和一个循环结构形式的可执行语句。

③ 对于有返回值的函数，函数体中还应包括一条 return 语句。

【例 7-2】 自定义函数 max，其功能为计算两个整数的最大值。

```
int max(int x,int y)
{  int z;
   z=x>y?x:y;     //利用条件运算符求得最大值
   return z;
}
```

此函数的函数名为 max，形参为 2 个 int 类型变量，函数返回值为 int，与 return z;相对应。函数的功能是对参数 x 和 y 进行分析，得到其中的最大值。需要注意的是形参（int x,int y），不能写成（int x,y）。

【例 7-3】 自定义函数 string_len，其功能为计算一个字符串的长度。

```
int string_len( char str[ ] )        //形参为一维数组
{  int i=0;                          //变量 i 作为计数器
   while(str[i]!= '\0')
       i++;
   return i;
}
```

此函数的函数名为 string_len，形参为一个字符型一维数组，函数的返回值为 int，与 return i;相对应。函数的功能是对字符数组 str 所对应的字符串进行分析，计算该字符串的长度。需要说明的是，当一维数组作为函数形参时，允许不给出数组的长度。

【随堂练习 7-1】

自定义函数 even，其功能为判断一个整数是否为偶数，如果是偶数，则返回值为 1，否则返回值为 0。

7.2.2　函数的声明

微课 35　函数的
声明

函数声明的作用是把有关函数的信息（函数名、函数类型、函数参数的个数与类型）通知编译系统，以便编译系统对程序进行编译时，检查被调用函数是否正确存在。所以，如同变量需要先定义后使用一样，函数也需要先声明，然后才能使用。

1. 函数声明的方法

库函数的声明是在源程序的开始位置将库函数对应的头文件进行包含即可。

自定义函数的声明也非常简单，只需要把函数首部取出来，再加上一个 ";" 即可。函数首部也称为函数原型，用函数原型来声明函数，能减少编写程序可能出现的错误。实际上，在函数声明中形参变量名可以省略不写，而只写形参的类型，但形参个数和类型名称必须与函数首部保持一致。

【例 7-4】

① 例 7-1 中的函数声明语句：

```
void print_star(int n);        //可省略形参变量名 n: void print_star(int );

void print_welcome();
```

② 例 7-2 中的函数声明语句：

```
int max(int x,int y);          //可省略形参变量名 x 和 y: int max(int ,int );
```

③ 例 7-3 中的函数声明语句：

```
int string_len(char str[]); //可省略形参数组名 str: int string_len(char []);
```

2. 函数声明语句的位置

函数的定义如果写在了主调函数之前，则函数声明可以省略，否则必须声明，函数声明的位置有以下两种情况。

① 函数声明写在主调函数的外部。如例 7-1 中两个自定义函数声明写在了主调函数 main 的上面，这时的函数声明为全局声明，也就是说两个自定义函数可以被函数声明语句之后出现的所有函数调用。

② 函数声明写在主调函数的说明语句中。例如，将例 7-1 中的函数声明写在主调函数 main 中，这时的函数声明为局部声明，也就是说两个自定义函数只能被 main 调用，其他函数不能调用。程序代码如下。

```
void main()

{  void print_welcome();          //声明 print_ welcome 函数
```

```
    void print_star(int n);        //声明print_star函数

    print_welcome();               //调用自定义函数

    print_star(30);

}
```

【随堂练习 7-2】

对随堂练习 7-1 自定义函数 even 进行声明。

7.2.3　函数的调用

微课 36　函数的
调用

1. 函数调用的形式

函数声明和函数定义的最终目的是为了使用这些函数。使用函数的过程就称为函数的调用。例 7-1 中，主函数对两个用户自定义函数的调用如下所示。

```
print_welcome();        //调用自定义函数

print_star(30);
```

函数调用的一般形式为：

函数名（实际参数列表）

说明：

① 若调用无参函数，实际参数列表（简称实参）为空，如 print_welcome();，当调用有参函数时，在()内写出实参，如 print_star(30);，当有多个实参时，则各个实参之间用逗号隔开。实参与形参一一对应，如 print_star(30);中的 30 与函数定义中的形参 *n* 对应。

② 若函数无返回值，函数调用通常单独作为一个语句，如例 7-1 中自定义函数的调用。若函数有返回值，函数调用通常出现在表达式中或作为某个函数的实参。

2. 函数调用过程中的参数传递

对于有参函数，函数调用过程中存在着参数传递的问题。参数传递有两种情况，分别为数值传递和地址传递。下面通过两个实例来理解函数调用过程以及函数调用过程中的参数传递。

【例 7-5】 结合例 7-2，编程输入两个整数，输出最大值。

源代码
【例 7-5】程序

```
#include <stdio.h>

int max(int ,int );        //函数声明

void main()

{

    int a,b,c;

    printf("请输入两个整数：");

    scanf("%d%d",&a,&b);

    c=max(a,b);                //函数调用
```

```
    printf("最大值为: %d.\n",c);
}
int max(int x,int y)              //函数定义
{  int z;
   z=x>y?x:y;
   return z;
}
```

程序运行结果如图 7-3 所示。

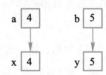

请输入两个整数: 4 5
最大值为: 5.

程序分析: 程序中定义的函数 max 有两个形参 x 和 y, 类型为 int; 主函数包含一个函数调用语句 c=max(a,b);, 其中 a 和 b 是实参, 同样为 int 类型; 实参与形参的个数、类型是对应的。当函数调用时, 在两个函数之间发生数据传递, 实参 a 和 b 的值传递给形参 x 和 y, 然后函数 max 开始运行, 并将计算结果 z 作为返回值返回主调函数 main, 赋值给 c。

程序执行过程及函数调用过程:

① 主函数开始执行并为变量 a、b 和 c 在内存中分配存储单元, 同时存入所输入的 a 和 b 的值, 假定是 4 和 5。

② 函数调用 c=max(a,b)执行, 为函数 max 的形参 x 和 y 临时分配内存单元, 并将实参 a 的值 4 传递给形参 x, 实参 b 的值 5 传递给形参 y, 这时形参 x 和 y 就得到了值 4 和 5。

③ 函数 max 开始执行, 为变量 z 分配内存空间, 并将计算结果 5 赋值给 z, 然后通过 return 语句将 z 值返回到主调函数。此时函数 max 调用结束, 形参 x 和 y, 以及变量 z 的存储空间被释放。

④ 主调函数将得到的返回值 5 赋值给变量 c, 然后输出最大值。此时主函数执行结束, 变量 a、b 和 c 的存储空间被释放。

函数调用过程中的参数传递如图 7-4 所示。

```
a  4        b  5
   ↓           ↓
x  4        y  5
```

说明: 本例中由实参传递给形参的数据是数值, 实参和形参在内存中占用不同的存储单元, 参数传递完以后, 形参与实参就无关了, 形参的值即使发生变化也不会影响实参。

【例 7-6】结合例 7-3, 编程输入一个字符串, 计算并输出字符串长度。

```
#include <stdio.h>
#define N 100
int string_len( char [ ]);                //函数声明
void main()
```

```
{
  char s[N];
  int len;
  printf("请输入一个字符串:");
  gets(s);
  len=string_len(s);              //函数调用
  printf("字符串长度为: %d.\n",len);
}
int string_len( char str[ ] )     //函数定义
{ int i=0;
while(str[i]!='\0')
  i++;
  return i;
}
```

程序运行结果如图 7-5 所示。

图 7-5
程序运行结果

请输入一个字符串:Hello!
字符串长度为: 6.

程序分析：程序中定义的函数 string_len 有一个形参，是字符型一维数组 str[]；主函数包含一个函数调用语句 len=string_len(s);，其中 s 是实参，是字符型一维数组的数组名。

程序执行过程及函数调用过程：

① 主函数开始执行并为数组 s 在内存中分配 100 个存储单元，数组名 s 代表数组首地址。同时存入所输入的字符串，假定是 "Hello!"。

② 函数调用 len=string_len(s);执行，将实参数组 s 的首地址传递给形参数组 str，这时形参数组 str 就和实参数组 s 地位相同，两个数组名都代表了刚才分配的 100 个存储单元的首地址。参数传递后的效果如图 7-6 所示。

s	s[0]	s[1]	s[2]	s[3]	s[4]	s[5]	s[6]	...	s[99]
起始地址	H	e	l	l	o	!	\0	...	
str	str[0]	str[1]	str[2]	str[3]	str[4]	str[5]	str[6]	...	str[99]

图 7-6
参数传递后的效果

③ 函数 string_len 开始执行，访问每一个数组元素 str[i]（实质上就是 s[i]），直至 str[i] 的值为'\0'，得到 i 值为 6，然后通过 return 语句将 6 返回到主调函数。此时函数 string_len 调用结束。

④ 主调函数将得到的返回值 6 赋值给变量 len，然后输出。此时主函数执行结束，数组所占的 100 个存储单元被释放。

说明：本例中由实参传递给形参的数据是地址，通过数组名传递。参数传递时，把实参数组的首地址传递给形参数组，这样两个数组就共占同一段内存单元。此时形参与实参就密切相关，形参数组中各元素的值如果发生变化，会使实参数组元素的值同时发生变化。

【随堂练习 7-3】

在主函数中输入一个整数，通过调用随堂练习 7-1 自定义函数 even 判断该数的奇偶性。

7.3 用带参数的宏定义代替公式型函数

微课 37 带参宏定义

在【例 7-5】中定义了一个求两个整数中最大值的函数 max，通过函数定义可以看出，最大值的求解是通过一个公式型的表达式实现的，即 $z=x>y?x:y;$。像例 7-5 这样，通过一个公式表达来求得函数返回值的函数称为公式型函数。类似还有计算圆的周长（$L=2\pi r$）、圆的面积（$S=\pi r^2$）等。

在 C 语言中，公式型函数还有另外一种简单的实现方式，即使用带参数的宏定义。在单元 2 中学过使用宏定义命令定义符号常量，如#define PI 3.14，用符号 PI 代表常量 3.14，这是无参数的宏定义。宏定义也允许带有参数。

【例 7-7】用带参数的宏定义求两个数的最大值。

源代码
【例 7-7】程序

```
#include <stdio.h>
#define  MAX(x,y)  x>y?x:y      //用带参数的宏定义求两个数的最大值
void main()
{
    int a,b,c;
    printf("请输入两个整数：");
    scanf("%d%d",&a,&b);
    c=MAX(a,b);
    printf("最大值为：%d.\n",c);
}
```

程序第 2 行是一个带参数的宏定义，用 MAX(x,y)表示条件表达式(x>y)?x:y，这里的参数 x，y 称之为形参。主函数中的 c=MAX(a,b)为宏调用，调用时用实参 a 和 b 分别替换形参 x 和 y。宏展开后语句 c=MAX(a,b);将替换为 c=(a>b)?a:b;。

1. 带参宏定义的一般形式

```
#define 宏名(形参列表) 字符串
```

说明：

① 宏名一般用大写字母表示。

② 形参列表中的形参多于一个时，各个参数之间用逗号隔开，形参不分配内存单元，因此不必作类型定义。

③ 字符串中要用到形参列表中的各个形参。

2. 带参宏调用的一般形式

```
宏名(实参列表);
```

说明：

① 宏调用中的实参可以是常量、变量或表达式，但必须有具体的值。实参的数量要和形参对应。

② 在宏调用时，对实参表达式不作任何计算，而是直接用实参依照原样代替形参，然后再计算新的字符串构成的表达式，即"先原样替换，然后再计算"。

源代码
【例 7-8】程序

【例 7-8】 用带参数的宏定义计算圆的周长。

```c
#include <stdio.h>
#define PI  3.14
#define L(r)  2*PI*r      //参数 r 为圆的半径
void main()
{
    double r,c;
    printf("请输入圆的半径：");
    scanf("%lf",&r);
    c=L(r);
    printf("圆的周长为：%.2lf.\n",c);
}
```

程序运行时，如果输入值为 3，则赋值语句 c=L(r);经过宏替换后为 c=2*3.14*3;，通过计算得到 c 的值为 18.84。

但是如果实参是一个表达式，如 c=L(r+2);，因为宏定义是"先原样替换，然后再计算"，所以用实参 r+2 替换形参 r 后，赋值表达式就变成了 c=2*PI*r+2;，如果输入值为 1，则计算得 c 的值为 8.28，这显然与编程的意图不符，因为原本希望得到的是 c=2*PI*(r+2);；所以在宏定义书写时，应在字符串中的形参外加一个括号，即#define L(r) 2*PI*(r) 。

利用带参数的宏定义求解问题，只要带入不同的参数，就可以得到不同的结果，经常用于取代公式型函数而简化程序，比较方便。但字符串内的形参通常要用括号括起来，以避免出错。

【随堂练习 7-4】

1．用带参数的宏定义表示圆的面积。

2．用带参数的宏定义表示自然数之和公式。

**7.4 函数的递归调用

*7.4.1 递归问题的引入

【例 7-9】 自定义函数 sum 实现自然数求和 $sum(n)=\sum_{i=1}^{n}i$ 。

编写程序代码如下：

微课 38 递归问题的引入

```
     int sum(int n)
{ return ( 1+n)*n/2;
   }
```

或

```
int sum(int n)
{ int i,s;
  for(i=1;i<=n;i++)
  s=s+i;
  return s;
}
```

现在从另一个角度去分析。自然数求和是一个等差数列求和，数列求和过程存在一个递归关系：前 n 项和等于前 n-1 项的和加上 n，所以求和过程可以描述成如下公式：

$$sum(n) = \begin{cases} 1 & (n=1) \\ sum(n-1)+n & (n>1) \end{cases}$$

根据公式可以看出：

① 如果 n==1，则 sum(1)=1，返回结果 1。

② 如果 n>1，则 sum(n)=sum(n-1)+n，返回结果 sum(n-1)+n。

由此可以对自定义函数 sum 重新描述如下：

```
int sum(int n)
{ if(n==1)
    return(1);
  else
    return (sum(n-1)+n);
}
```

自定义函数 sum 在函数体中出现了对自身调用的语句 return (sum(n-1)+n);，像这样的函数调用称为函数递归调用。

将本例程序代码进行完整描述，然后分析一下函数递归调用的过程。

源代码
【例 7-9】程序

```
#include <stdio.h>
int sum(int );          //函数声明
void main()
{ int n,s=0;
  scanf("%d",&n);
  s=sum(n);             //函数调用
  printf("s=%d\n",s);
}
```

```
int sum(int n)          //函数定义
{ if(n==1)
    return(1);
  else
    return (sum(n-1)+n);
}
```

以 n=4 为例分析函数 sum(4)的递归调用过程，如图 7-7 所示。

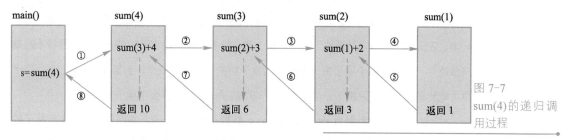

图 7-7
sum(4)的递归调用过程

**7.4.2 使用递归函数解决问题

使用递归方法解决问题的关键是如何找出递归关系，又如何使递归调用结束，不至于无限期地调用下去，即给出递归调用的终止条件。所以使用递归方法解决问题的第 1 步就是建立递归关系；第 2 步就是找出递归调用的终止条件。

【例 7-10】 用递归方法求 $n!$。

分析：由于 $n!=n(n-1)(n-2)...1=n(n-1)!$，而 $1!=1$，$0!=1$，因此，可以看出：

① 递归关系：$n!= n(n-1)!$，其中 $n>1$。

② 递归调用的终止条件：$n=1$ 或 $n=0$ 时，$n!=1$。

程序实现代码如下：

源代码
【例 7-10】程序

```
#include <stdio.h>
int fac(int n)          //函数定义
{ if(n==1||n==0)
    return 1;
  else
    return n*fac(n-1);
}
void main()
{ int n,m=1;
  printf("请输入一个非负整数：");
  scanf("%d",&n);
  m=fac(n);               //函数调用
```

```
    printf("%d!=%d\n",n,m);

}
```

程序运行结果如图 7-8 所示

图 7-8
程序运行结果

请输入一个非负整数：5
5!=120

注意：程序中的变量是 int 类型，在 VC6.0 环境中 int 类型占 4 个字节存储空间，能表示的最大数是 2147483647，当 n<=31 时运行正常，但如果输入大于 31 的数，结果将异常。

【例 7-11】 用递归方法计算猴子吃桃的问题。有一天，小猴子摘若干个桃子，当即吃下了一半，还觉得不过瘾，又多吃了一个。第 2 天，接着吃剩下的桃子中的一半，仍觉得不过瘾又多吃了一个，以后小猴子每天都剩下的桃子中的一半又多一个。到第 10 天早上，小猴子再去吃桃子时，发现只剩下一个桃子了。问小猴子一共摘了多少个桃子？

分析：定义函数首部为 int peach(int n);，参数 n 表示第 n 天，本问题是求第 1 天桃子的个数，即求 peach(1) 的值。根据题意分析猴子吃桃的问题中存在的递归关系和递归调用的终止条件。

① 递归关系：由于本问题是求第 1 天桃子的个数，所以需要知道第 2 天、第 3 天、…、第 10 天桃子的个数，即需要向 n=10 的方向递归。根据已知条件可知，第 n 天桃子的个数等于第 n+1 天桃子个数的 2 倍加 2，即 peach(n)=2*peach(n+1)+2。

② 递归调用的终止条件：已知第 10 天的桃子个数为 1，所以可将 n=10 作为递归调用的终止条件，即 n=10 时，peach(n)=1。

程序实现代码如下：

源代码
【例 7-11】程序

```
#include <stdio.h>

int peach(int n)              //函数定义

{ if(n==10)

    return 1;

  else

    return 2*peach(n+1)+2;

}

void main()

{ int s;

  s=peach(1);                 //函数调用

  printf("桃子总数为%d.\n",s);

}
```

递归在解决某些问题时是十分有用的方法，能够使复杂的问题，通过简单的递归关系得以解决，使得程序更加简洁精炼，也更能体现问题的规律性。

*7.5　函数和变量的作用域及存储类型

*7.5.1　函数的作用域及存储类型

　　函数的作用域是指可使用该函数的程序范围。用户自定义的函数可以被所有编译单位（可以单独进行编译的源程序文件）使用，也可以只限于某个编译单位使用，这取决于对函数的存储类型的说明。函数的存储类型有 static 和 extern 两种，在函数定义时进行说明。

　　此时函数定义的一般形式为：

> [存储类型]　函数返回值类型　函数名（形式参数列表）　　//函数首部
>
> {　函数体；
>
> }

　　函数的存储类型默认为 extern，extern 型函数称为"外部函数"，可以被其他编译单位中的函数调用，本单元前面所使用的所有函数均为外部函数。如果想限定函数只能被本编译单位的函数调用，则在函数定义时指定存储类型为 static，static 型函数称为"内部函数"，也称为"静态函数"，static 型函数不允许其他编译单位中的函数调用它。

*7.5.2　变量的作用域

微课 39　变量作用域

　　程序中变量的使用范围就称为变量的作用域，每个变量都有自己的作用域。按照作用域的范围不同，可分为局部变量和全局变量 2 种。

1.　局部变量

　　局部变量也称为内部变量。局部变量是在函数内定义并使用的，之前各单元的程序中用到的变量均属于局部变量。

　　如【例 7-10】中的变量 m 为局部变量，仅限于主函数 main 中使用，在其他函数中不能使用。

　　同时允许在不同的函数中使用相同的变量名，它们代表不同的对象，分配不同的单元，互不干扰，也不会发生混淆。例如【例 7-10】中，函数 fac 和主函数 main 中均有一个 int 类型变量 n，这两个变量名虽然相同，但却属于各自的函数，就像现实生活中不同家庭的人可能重名一样。

2.　全局变量

　　全局变量也称为外部变量，它是在函数外部定义的变量，其作用域是整个源程序文件，也就是说整个源程序文件中的各个函数均可使用。

　　全局变量定义的一般形式为：

> [extern] 类型说明符　变量名 1[=初始值 1],变量名 2[=初始值 2],… ;

　　其中方括号内的 extern 可以省略，同时可以为变量初始化，如果不赋初值，则默认初始值为 0。

【例 7-12】 输入 10 个学生的成绩，求出最高分。

分析：学生成绩用一维数组 a[10]表示，最高分用变量 max 表示，同时将这两个变量定义为全局变量。求最高分的功能用自定义函数 array_max 实现。

程序代码如下：

源代码
【例 7-12】程序

```
#include <stdio.h>
double max;                  //定义全局变量,最高分 max
double a[10];                //定义全局变量,用一维数组存放 10 个学生的成绩
void array_max(int n)        //求最高分
{    max=a[0];
     for(int i=1;i<n;i++)
          if(max<a[i])
               max=a[i];
}
void main()
{   for(int i=0;i<10;i++)
          scanf("%lf",&a[i]);
     array_max(10);          //函数调用
     printf("最高分为: %.21f.\n",max);
}
```

全局变量可加强函数模块之间的数据联系，但是又使函数要依赖这些变量，因而使得函数的独立性降低。从模块化程序设计的观点来看这是不利的，因此尽量不要使用全局变量。

**7.5.3 变量的存储类型

变量的存储方式有"动态存储"和"静态存储"两种。

动态存储变量是在程序执行过程中，使用它时才分配存储单元，使用完毕立即释放。典型的例子是函数的形式参数，在函数定义时并不给形参分配存储单元，只是在函数被调用时，才予以分配， 调用函数完毕立即释放。如果一个函数被多次调用，则反复地分配、释放形参变量的存储单元。

静态存储变量通常是在程序编译时就分配存储单元并一直保持不变，直至整个程序结束。全局变量即属于此类存储方式。

动态存储变量包括 auto（自动变量）和 register（寄存器变量）两种存储类型；静态存储变量包括 extern（全局变量）和 static（静态变量）。因此变量定义的完整形式应为：

存储类型说明符 数据类型说明符 变量名，变量名…;

【例 7-13】 定义不同存储类型的变量。

auto char c1,c2;   //定义 c1,c2 为自动字符变量,auto 可以省略

```
register int i;          //定义 i 为整型寄存器变量
extern double max;       //定义 max 为 double 类型全局变量
static int a,b;          //定义 a,b 为静态类型变量
```

说明：

① auto（自动变量）是动态存储变量，在之前各单元中所用到的变量（除本单元中的全局变量）均为 auto 存储类型，自动变量均为局部变量，在赋初值之前，其值是不确定的。对于同一个函数的两次调用之间，自动变量的值不保留，这是因为调用一次之后存储空间被释放，再调用时，又重新分配存储空间。

② register（寄存器变量）也是动态存储变量。该类型的变量不是保存在内存中，而是直接存储在 CPU 中的寄存器中，所以访问速度极快。通常在程序中频繁使用的 int 或 char 类型的局部自动变量和形参，可以定义为 register 类型变量。不同系统对 register 变量个数有限制。

③ extern（全局变量）是静态存储变量，在程序编译时就分配存储单元直至整个程序结束。全局变量如果没有初始化，则默认初始值为 0。

④ static（静态变量）也是静态存储变量，通常做局部变量，在编译时分配存储空间，若不初始化，则默认初始值为 0。若某函数中定义了 static 类型变量，则在对该函数的多次调用过程中，变量的值具有继承性，即本次调用的初值是上次调用结束时变量的值。

【例 7-14】 求 1!+2!+3!+…+n!。

分析：在【例 7-10】中使用递归函数求 n!，现在采用一种新的方法定义求阶乘的函数。通过题目可以看出，函数第 1 次求得 1!，第 2 次求得 2!，第 2 次求阶乘时只需在第 1 次求得的阶乘的基础上乘以 2，依此类推，第 n 次求 n!时，只需在上一次求得的(n-1)!的基础上乘以 n。所以在调用函数求 n!时，若保留上次调用函数所产生的(n-1)!，就无需再从 1 开始累乘，正好可以利用 static 静态存储变量的"保值"功能。

程序实现代码如下：

```
#include <stdio.h>
int fac(int n)
{
  static int t=1;
  t=t*n;
  return t;
}
void main()
{
  int i,n,sum=0;
  printf("请输入 n 的值：");
```

源代码
【例 7-14】程序

```
scanf("%d",&n);

for(i=1;i<=n;i++)

    sum+=fac(i);

printf("计算结果为: %d\n",sum);

}
```

假设输入的 n 值为 5，则程序运行结果如图 7-9 所示。

图 7-9
程序运行结果

请输入n的值: 5
计算结果为: 153.

🕮 单元总结

在本单元中，如何使用自定义函数是核心内容。通过本单元的学习，应知道:

1. 函数是构成 C 程序的基本单位，函数的使用为模块化程序设计奠定了基础。从用户使用的角度，函数分为_____函数、_____函数两种。

2. 库函数的使用包括_____和_____两个环节；用户自定义函数的使用包括_____、_____和_____3 个环节。

3. 从函数的外观形式看，函数分为_____函数、_____函数两种。当主调函数调用_____函数时，不需要向这些函数传递参数；当主调函数调用_____函数时，需要传递参数。

4. 用户自定义函数的一般形式为:

_____

_____

_____

其中第 1 行称为_____，大括号"{}"括起来的部分称为_____，对于有返回值的函数，函数体中要包括_____语句。

5. 函数首部也称为函数原型，用函数原型声明函数时，形参名可以省略不写，而只写形参的类型，但形参的_____和_____必须与函数首部保持一致。

6. 函数要先声明，然后才能使用，函数声明在程序中的位置有以下几种情况:

① 函数声明写在主调函数的外部，这时的函数声明为全局声明。

② 函数声明写在主调函数的说明语句中，这时的函数声明为局部声明。

③ 函数的定义出现在主调函数之前，则函数声明可以省略。

7. 函数的调用形式为_____。若调用无参函数，则实参为空；若调用有参函数，则在()内写出与形参类型、数量一致的实参。对于有参函数，函数调用过程中存在着参数传递的问题，参数传递有两种情况，其一为_____，其二为_____。

8. 函数在函数体中出现了对自身调用的语句，就称为函数递归调用。使用递归方法解决问题的关键是如何找出_____，以及找出递归调用的_____。

9. 带参宏定义的一般形式为:_____。通常用带参数的宏定义代替简单公式型函数。

10. 函数的存储类型有 static 和 extern 两种。_____型函数称为"外部函数"，可以被其他编译单元中的函数调用；_____型函数称为"内部函数"，只能被本编译单位的函数调用。

11. 程序中变量的使用范围称为变量的作用域，每个变量都有自己的作用域。按照作用域的范围可分为_____和_____两种。

12. 变量的存储方式可分为"动态存储"和"静态存储"两种。动态存储变量包括_____和_____两种类型；静态存储变量包括_____和_____两种类型。静态存储变量若没有初始化，则默认初始值为_____。static 类型变量的值具有继承性，即本次调用的初值是上次调用结束时变量的值。

👓 知识拓展

模块化程序设计

模块化程序设计，就是在解决复杂的问题时，程序的编写不是开始就逐条录入计算机语句和指令，而是采用自顶向下、逐步求精的方法，把复杂的程序问题分解成若干个比较容易求解的相对独立的程序功能模块，然后分别予以实现，最后把所有程序功能模块像组装计算机一样装配起来。这种以功能模块为单位进行程序设计，实现其求解过程的方法称为模块化程序设计方法，如图 7-10 所示。

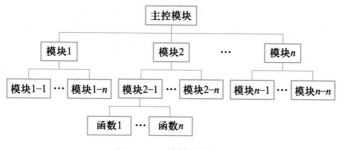

图 7-10　模块结构图

模块化的目的是为了降低程序复杂度，易于团队分工合作，使程序设计、调试、测试和维护等操作简单化。把复杂的问题分解成若干个单独的模块后，复杂的问题就容易解决了。但是如果只是简单地分解任务，不注意对一些子任务进行归纳抽象，不注意模块之间的联系，就会使模块间的关系过于复杂，从而使程序难于调试和修改。

一般来说，模块设计应该遵循以下几个原则。

（1）模块具有独立性

模块的独立性原则表现在模块完成独立的功能，与其他模块的联系尽可能简单，各模块可以独立的调试和修改。

要做到模块的独立性要注意以下几点：

① 功能单一。每个模块完成一个独立的功能。在对任务分解时，相似的子任务可以综合起来考虑，找出它们的共性，做成一个完成特定功能的单独模块。

② 模块之间的联系力求简单。模块间的调用尽量只通过简单的模块接口来实现，不要发生其他数据或控制联系。

③ 数据局部化。模块内部的数据也要具有独立性，尽量减少全局变量在模块中的使用，以避免造成数据访问的混乱。

（2）模块的规模要适当

模块的规模不能太大，也不能太小。模块的功能复杂，可读性就差。模块太小，就会加大模块之间的联系，从而造成模块的独立性差。

C 语言作为一种结构化的程序设计语言，在模块划分时主要以"功能"为依据，具体实现时应注意以下几点。

① 在程序规划时把每个模块写成一个源文件（.c 或.cpp）和一个头文件（.h）的结合，源文件实现模块功能，头文件描述对于该模块接口的声明，确定哪些函数是可以让其他 C 文件调用的，哪些是不可以让其他 C 文件调用的。

② 某模块提供给其他模块调用的外部函数及数据需写在头文件中，并冠以 extern 关键字声明，而仅限于模块内部使用的函数和全局变量需写在源文件开头，并冠以 static 关键字声明。

③ 永远不要在.h 文件中定义变量，定义变量和声明变量的区别在于定义会产生内存分配的操作；而声明则只是告诉包含该声明的模块在连接阶段从其他模块中寻找变量。

④ 对每个模块要明确所用到的关键数据，明确对这些关键数据的建立方法及在程序结束时对这些关键数据的处理方法，要有数据保护的意识，尽量不要让其他模块对本模块的数据造成影响，减少数据耦合。

单元 8　使用指针访问数据

导学

　　如果去写字楼找人，可以把要找的人的姓名告诉保安，保安就会到这个人所在的房间找出这个人。可是如果不知道这个人的姓名，而只知道这个人的房间号，保安同样可以把人找到。数据在内存中存放的存储单元地址就是"房间号"，所以 C 语言中对内存数据的访问，既可以通过变量的名字访问，也可以通过存储变量的地址访问到该变量。在 C 语言中把"地址"形象地称为"指针"。

　　用指针（地址）访问数据有什么好处呢？

　　假如要找的是一群人，这些人所在的房间是连续的，如果把这一群人的姓名一个一个地报给保安，明显太麻烦了。换一种思考方式，如果告诉保安的是第一个人住的房间号以及连续有几个房间，保安就很容易找出这群人了。C 语言也是一样，当访问连续多个存储单元的数据时，只要知道第一个数据所在的存储单元地址，然后依次读取数据就可以了。所以通过指针访问内存会有许多方便之处。

　　和其他变量一样，指针也是一种基本的变量，所不同的是指针变量中存放的是一个内存地址。现在的问题是，代表内存地址的指针如何表示？通过指针如何访问内存？

　　在预习本单元的基础上，完成如下问题：

　　【问题 8-1】 有一个整型变量 a，如何知道该变量的存储地址？如何通过指针变量对 a 进行操作？

_____

_____

_____

　　【问题 8-2】 一维数组是占用连续存储空间的数据，如何通过指针变量对这段内存空间进行操作？

_____

_____

_____

本单元学习任务

　　1. 会用指针变量访问基本变量和一维数组。

　　2. 会通过指针变量在函数间传递参数。

　　3. 会使用指针操作字符串。

　　4. 理解并学会编写返回值为地址的自定义函数。

📖 **知识描述**

文本 单元八 学
习思维导图

PPT 单元八 使
用指针访问数据

微课 40 指针与
地址

微课 41 指针变
量的定义

8.1 地址与指针

计算机的内存是以字节为单位的一片连续的存储空间，每一字节都有一个编号，这个编号就是内存地址。若在程序中定义了一个变量，C 编译系统就会根据定义中变量的类型，在内存用户数据区为其分配一定字节数的内存空间（如 double 类型占 8 字节，char 类型占 1 字节），此后，这个变量的存储空间就确定了，该存储空间的第一个字节对应的内存地址就被看作变量在内存中的存储地址。例如：

① scanf("%d",&n);　　　　　　　//使用地址运算符&获得变量 n 的存储地址

② char str[10]; gets(str);　　　　//一维数组的名称代表该数组在内存中的首地址

根据存储地址就可以找到相应的存储单元，所以通常也把地址称为指针。例如示例中，&n 就是变量 n 的指针（地址），str 就是字符数组 str[10] 的指针（地址）。C 语言允许用一个变量来存放指针，这种变量称为指针变量，而指针变量的值就是某个内存单元的地址。

8.1.1 指针变量的定义

【例 8-1】

```
int  n;              //定义整型变量 n
int  *p;             //定义一个指针变量，变量名为 p，仅能存放 int 型变量的地址
p=&n;                //将整型变量 n 的地址存在 p 中
scanf("%d",p);       //为 p 所代表的内存空间输入数据，等价于 scanf("%d",&n);
```

此例中定义了一个指向整型变量 n 的指针变量 p。指针变量 p 指向变量 n 可用图 8-1 表示，常简化为图 8-2。

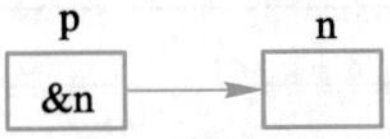

图 8-1
指针的表示

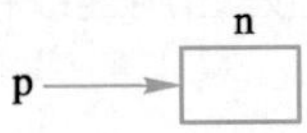

图 8-2
简化的指针表示

【例 8-2】

```
char str[10];        //定义字符型一维数组 str
char *cp;            //定义一个指针变量，变量名为 cp，仅能存放 char 型变量的地址
cp=str;              //将字符数组 str 的首地址存在 cp 中
gets(cp);            //为 cp 所指向的内存空间输入字符串，等价于 gets(str);
```

定义指针变量的一般格式为：

类型标识符　*指针变量名;

说明：

① "指针变量名"前面的"*"表示该变量是指针变量，不能省略。

② "类型标识符"表示该指针变量所指向的变量的数据类型。

需要特别指出的是，一个指针变量只能指向同一种类型的变量，即不能定义一个指针变量为既能指向整型变量又能指向其他类型的变量。

指针变量同基本类型变量一样，在定义的同时允许初始化，即赋初值。

例 8-1 的中间两行可以合并为：

```
int *p=&n;      //定义指针变量 p，同时为 p 初始化为 n 的地址
```

例 8-2 的中间两行可以合并为：

```
int *cp=str;    //定义指针变量 cp，同时将 cp 初始化为字符数组 str 的首地址
```

指针变量也可以被初始化为 NULL，它的值为 0。当指针值为零时，指针不指向任何有效数据，也称为空指针。

【随堂练习 8-1】

1. 有 "double s;"，定义一个指向变量 s 的指针变量 q。

2. 编程验证例 8-1 和例 8-2 中指针变量的值是否与所指向变量的地址相同。

8.1.2 指针变量的基本使用

【例 8-3】 续例 8-1，引用指针变量 p 输出 n 的值。

微课 42　指针变量的基本使用

```
printf("%d",*p);         //*p 访问的是 p 指向的变量，等价于 printf("%d",n);
```

引用指针变量的一般方法为：

```
*指针变量名
```

说明：

① "*" 为指针运算符，用来求得指针变量所指向的变量的值，即指针变量所指向的内存单元的内容。

② 此处的 "*" 不同于指针变量定义语句中的 "*"，指针变量定义语句中的 "*" 是一个标志符，而此处的 "*" 是运算符。

【例 8-4】 通过指针变量访问的方式计算两个整数的和。

源代码
【例 8-4】程序

```c
#include <stdio.h>
void main()
{ int a,b,s;
  int *pa,*pb;          //定义两个整型指针变量
  pa=&a;                //使 pa 指向变量 a
  pb=&b;                //使 pb 指向变量 b
  scanf("%d%d",pa,pb);  //为 pa,pb 所指向的内存单元输入值
  s=*pa+*pb;            //通过指针变量访问的方式求和
  printf("s=%d\n",s);   //输出求和结果
}
```

程序分析：程序定义整型变量 a 和 b 分别代表两个加数，整型变量 s 存放求和结果，同时定义两个整型指针变量 pa 和 pb，并分别指向变量 a 和 b，如图 8-3 所示。通过 scanf 函数为 pa 和 pb 所指向的内存单元输入数值（假设输入 5 和 6），则输入的数值保存在变量 a 和 b 中，通过*pa 和*pb 引用指针变量 pa 和 pb 所指向的变量 a 和 b，求和后赋值给变量 s（结果为 11），最后输出求和结果。

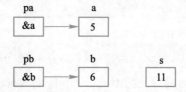

图 8-3
利用指针变量计算两个整数的和

【例 8-5】 续例 8-4，要求利用自定义函数计算两个整数的和。

源代码
【例 8-5】程序

```c
#include <stdio.h>
int add(int *pa,int *pb)
{ int sum;
  sum=*pa+*pb;
  return sum;
}
void main()
{ int a,b,s;
  scanf("%d%d",&a,&b);
  s=add(&a,&b);
  printf("s=%d\n",s);
}
```

程序分析：add 是用户自定义函数，形参 pa 和 pb 是指针变量，函数功能是计算并返回*pa 和*pb 的和。程序运行时，从主函数开始，输入 a 和 b 的值，假设输入的值是 5 和 6。实参&a 和&b 是变量 a 和 b 的地址值，在调用 add 函数时，将实参变量的地址值传递给形参指针变量 pa 和 pb，因此参数传递后形参 pa 的值为&a，形参 pb 的值为&b，即 pa 指向变量 a，pb 指向变量 b，如图 8-4（a）所示。然后执行 add 函数，将求得的结果 11 通过 return 语句返回给主函数，如图 8-4（b）所示。

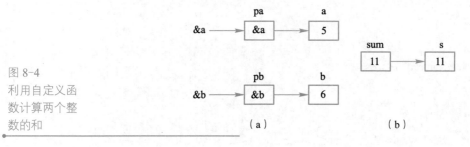

图 8-4
利用自定义函数计算两个整数的和

（a）   （b）

【随堂练习 8-2】

试分析如下程序，看看是否能实现例 8-5 所要求的功能。

```
#include <stdio.h>
void add(int *pa,int *pb,int *psum)
{ *psum=*pa+*pb;
}
void main()
{ int a,b,s;
  scanf("%d%d",&a,&b);
  add(&a,&b,&s);
  printf("s=%d\n",s);
}
```

8.2　用指针操作一维数组

通过单元 6 中数组的学习，可以知道，一旦定义了一个数组，数组元素要占用连续的内存单元。数组类型不同，每个数组元素占用的内存字节数也不同。另外，一维数组名即代表数组在内存中存放的首地址，而每个数组元素 a[i] 的地址=数组首地址+i×数组元素的数据类型所占用的内存字节数。其实指针和数组有着密切的关系，任何通过控制数组下标实现的对数组的操作也都可用指针来实现，而程序中使用指针可使代码更紧凑、更灵活。那么如何建立指针变量与数组之间的关系，进而如何通过指针变量访问数组元素呢？要通过指针操作数组，首先要建立指针变量与数组之间的关系，然后才能通过指针变量访问数组元素。

8.2.1　用指针访问一维数组

【例 8-6】　建立指针与数组之间的关系

```
int a[5];      //定义整型数组 a
int *p;        //定义整型指针 p
p=a;           //建立二者之间的关系，等价于 p=&a[0];
```

微课 43　用指针
访问一维数组

数组 a 定义之后，数组元素 a[0]~a[4] 占用连续的内存单元，数组名 a（或 &a[0]）代表数组在内存中存放的首地址；整型指针 p 定义之后，通过语句 "p=a;" 建立指针 p 与数组 a 之间的关系，此时 p 的值与 a 相同，都代表了数组的首地址。二者的区别在于，数组名 a 是常量，指针 p 是变量。指针 p 与数组 a 之间的关系如图 8-5 所示。

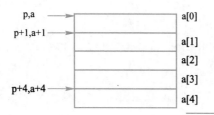

图 8-5
指针与一维数组
之间的关系

根据地址运算规则，a+1 是 a[1]的地址，a+i 就是 a[i]的地址。因为 p 与 a 都代表了数组的首地址，所以数组和指针之间有如下等价关系。

关于地址： &(a[i]) <==> a+i <==> p+i

关于元素： a[i] <==> *(a+i) <==> *(p+i)

【例 8-7】 输出一维数组各元素的地址。

源代码
【例 8-7】程序

```c
#include <stdio.h>
void main( )
{ int a[5],*p,k;
    p=a;
    printf("(1)获取各个数组元素的地址:\n");
    for(k=0;k<5;k++)
        printf("&a[%d]=%p\n",k,&a[k]);    //语句中&a[k]等价于 a+k
    printf("(2)利用指针表示数组元素的地址:\n");
    for(k=0;k<5;k++)
        printf("p+%d=%p\n",k,p+k);
}
```

程序输出结果如图 8-6 所示。

```
(1)获取各个数组元素的地址:
&a[0]=0012FF6C
&a[1]=0012FF70
&a[2]=0012FF74
&a[3]=0012FF78
&a[4]=0012FF7C
(2)利用指针表示数组元素的地址:
p+0=0012FF6C
p+1=0012FF70
p+2=0012FF74
p+3=0012FF78
p+4=0012FF7C
```

图 8-6
程序运行结果

【例 8-8】 输出一维数组元素的值。

源代码
【例 8-8】程序

```c
#include <stdio.h>
void main( )
{ int a[5]={0,1,2,3,4},*p,k;
    p=a;
    printf("(1)输出各个数组元素的值:\n");
    for(k=0;k<5;k++)
        printf("a[%d]=%d\n",k,a[k]);
    printf("(2)用指针输出各个数组元素的值(下标法):\n");
    for(k=0;k<5;k++)
        printf("p[%d]=%d\n",k,p[k]);
```

118

```
    printf("(3)用指针输出各个数组元素的值(指针法):\n");

    for(k=0;k<5;k++)

      printf("*(p+%d)=%d\n",k,*(p+k));

}
```

程序输出结果如图 8-7 所示。

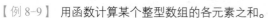

图 8-7
程序运行结果

8.2.2　数组名作函数参数

利用函数处理一维数组时，不需要将数组的每一个元素一一传递给函数，只要传递数组的首地址和元素数量即可，而数组名就代表了数组的首地址。

微课 44　数组名
作函数分数

【例 8-9】　用函数计算某个整型数组的各元素之和。

```
#include <stdio.h>

int sum(int *,int);                  //函数声明

void main( )

{ int a[5]={0,1,2,3,4},s;

  s=sum(a,5);                        //函数调用

  printf("各个数组元素之和为:%d.\n",s);

}

int sum(int *p,int n)                //函数定义

{ int i,t=0;

  for(i=0;i<n;i++)

    t+=*(p+i);                       //等价于 t+=p[i];

  return t;

}
```

源代码
【例 8-9】程序

程序输出结果如图 8-8 所示。

各个数组元素之和为:10.

图 8-8
程序运行结果

程序中实参(a,5)与形参(p,n)的对应关系如图 8-9 所示。

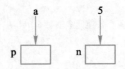

图 8-9
实参与形参之间
的传递关系

参数传递后指针指向数组第一个元素的地址，如图 8-10 所示。

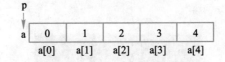

图 8-10
参数传递后的
效果

数组名作为函数实参，因为数组名本身是一个地址值，所以当数组名作函数实参时，对应的形参就应当是一个指针，并且形参指针变量或数组的类型与实参数组的类型一致。当进行函数调用时，实际上是把数组的首地址传给形参（注意，不是把数组的值传给形参）。这样实参数组和形参数组共同占用一段内存，如果在函数执行过程中使形参数组的元素值发生了变化，也就使实参数组的元素值发生了变化。

【随堂练习 8-3】

完成导学中的问题 8-2。

*8.3 用指针操作二维数组

**8.3.1 二维数组中蕴含的地址关系

微课 45 二维数组中蕴含的地址关系

定义以下二维数组：

```
int a[3][4]={{0,1,2,3}, {4,5,6,7}, {8,9,10,11}};
```

a 为二维数组，此数组有 3 行 4 列，共 12 个元素。但也可这样来理解，数组 a 由 3 个元素组成，即 a[0]、a[1]、a[2]。而这 3 个元素中的每个元素 a[i] 又是一个含有 4 个元素（相当于 4 列）的一维数组。例如，a[0] 所代表的一维数组包含的 4 个元素为 a[0][0]、a[0][1]、a[0][2]、a[0][3]。数组存储情况（按行存放）如图 8-11 所示。

图 8-11
二维数组中所蕴
含的地址关系

a[0]	0	1	2	3
a[1]	4	5	6	7
a[2]	8	9	10	11

从图 8-8 可以看出，a 代表二维数组的首地址，也是二维数组第 0 行的首地址，a+1 就代表第 1 行的首地址，a+2 就代表第 2 行的首地址。如果该二维数组的首地址为 1000，由于第 0 行有 4 个整型元素，所以 a+1 为 1016，a+2 也就为 1032，如图 8-12 所示。

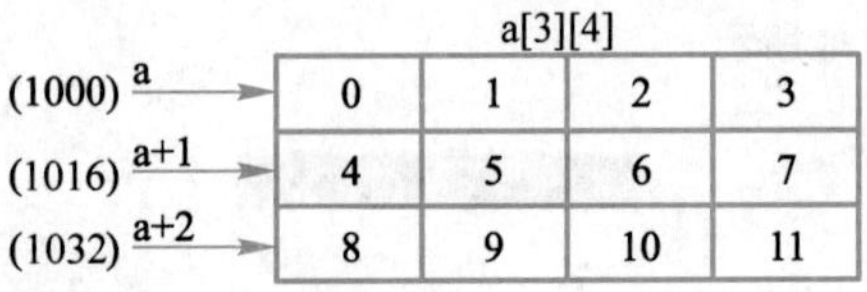

图 8-12
二维数组名与二
维数组各行之间
的关系

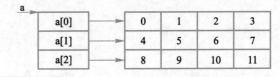

既然把二维数组的各行看成是一维数组，则 a[0]、a[1]、a[2]就是各一维数组的数组名，它们分别代表所对应的一维数组的首地址。也就是说，a[0]代表第 0 行中第 0 列元素的地址，即&a[0][0]；a[1]是第 1 行中第 0 列元素的地址，即&a[1][0]。根据地址运算规则，a[0]+1 即代表第 0 行第 1 列元素的地址，即&a[0][1]。一般而言，a[i]+j 即代表第 i 行第 j 列元素的地址，即&a[i][j]。

另外，在二维数组中，还可用指针的形式来表示各元素的地址。由前述可分析出：a[0]与*(a+0)等价，a[1]与*(a+1)等价，因此 a[i]+j 就与*(a+i)+j 等价，它表示数组元素 a[i][j]的地址。因此，二维数组元素 a[i][j]可表示成*(a[i]+j)或*(*(a+i)+j)，它们都与 a[i][j]等价，或者还可写成(*(a+i))[j]。

综合以上分析可知：

（1）二维数组元素 a[i][j]存储地址的表示方式

① &a[i][j]。

② a[i]+j。

③ *(a+i)+j。

（2）二维数组元素 a[i][j]的表示方式

① a[i][j]。

② *(a[i]+j)。

③ *(*(a+i)+j)。

④ (*(a+i))[j]。

*8.3.2 建立指针与二维数组之间的关系

通过对二维数组所蕴含的地址关系的分析，可以通过以下方式建立指针与二维数组之间的关系，进而利用指针访问二维数组。

1. 通过"指针数组"引用二维数组元素

指针数组，就是用指向同一数据类型的指针来构成一个数组。数组中的每个元素都是指针变量，根据数组的定义，指针数组中每个元素都为指向同一数据类型的指针。

【例 8-10】 建立指针数组与二维数组之间的关系。

```
int  *p[3];    //定义一个指针数组，包含 3 个指针变量 p[0]、p[1]、p[2]
int a[3][4] = { 0,1,2,3,4,5,6,7,8,9,10,11 };
for( i=0; i<3;i++)
    p[i]=a[i];
```

第 1 条语句定义一个指针数组，包含 3 个指针变量 p[0]、p[1]和 p[2]；第 2 条语句定义一个二维数组 a[3][4]；第 3 条语句建立二者关系，使 p[0]、p[1]、p[2]分别指向二维数组 a 每行的起始地址，如图 8-13 所示。

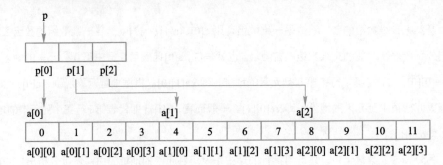

图 8-13
通过指针数组访
问二维数组

可以看出有如下等价关系：

*(p+i)<==>   p[i]   <==>   a[i]

此时通过指针 p 引用二维数组的元素 a[i][j]有以下几种等价方式：

p[i][j] <==>   *(p[i]+j) <==>   *(*(p+i)+j) <==> (*(p+i))[j]

2. 通过"行指针"变量引用二维数组元素

行指针变量，即指向的元素的数据类型为一维数组的指针变量。行指针每移动一个单位将移动一行的位置。

【例 8-11】 建立行指针与二维数组之间的关系。

```
int (*p)[4];      //定义行指针 p，[4]代表指针所指向的行包含的元素个数

int a[3][4] = { 0,1,2,3,4,5,6,7,8,9,10,11 };

p=a;
```

第 1 条语句定义了一个行指针 p；第 2 条语句定义了一个二维数组 a[3][4]；第 3 条语句建立了二者的关系，使行指针 p 指向二维数组 a，如图 8-14 所示。

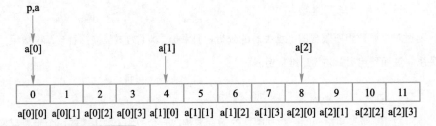

图 8-14
通过行指针访问
二维数组

可以看出有如下等价关系：

*(p+i) <==>   p[i] <==>a[i]

此时通过指针 p 引用二维数组的元素 a[i][j]有以下几种等价方式：

p[i][j]   <==>   *(p[i]+j)<==>   *(*(p+i)+j)   <==>   (*(p+i))[j]

其实，利用"指针数组"与"行指针"引用二维数组元素的实质是相同的。这一点从对数组元素的"引用"方式上可以看出。

3. 通过普通指针变量引用二维数组元素

可以通过定义一个与二维数组元素类型相同的指针变量来访问二维数组元素。

【例 8-12】　建立普通指针与二维数组之间的关系。

```
int a[3][4];

int *p;

p=a[0];    //或者 p=&a[0][0];
```

第 1 条语句定义了一个二维数组 a[3][4]；第 2 条语句定义了一个普通指针 p；第 3 条语句建立了二者的关系，使指针 p 指向二维数组 a 的第一个元素，如图 8-15 所示。

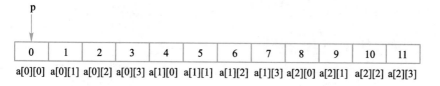

图 8-15
通过普通指针变量访问二维数组元素

在这种方式中，可以通过指针的移动，再使用*p 或 p[i]来访问指针所指向的数组元素。但需要说明的是，这种引用方式看不出指针变量 p 与二维数组各维存在什么样的关系。

**8.3.3　二维数组元素或数组名作函数参数

1. 二维数组元素作函数实参

二维数组元素作函数实参，同一维数组元素或普通基类型数据作函数实参一样，函数调用时，主调函数向被调函数单向数值传递，被调函数中的形参为同类型的形参变量，形参变量值的改变不会影响实参的值。

2. 二维数组名作函数参数

二维数组名作函数实参时，对应的形参可以是同情形的二维数组，也可以是一个行指针变量，并且要求类型一致。

例如：

```
void main( )

{    int  s[5][6];

     ……

     fun(s);    //实参为二维数组名,即二维数组的起始地址

     ……

}
```

函数 fun( )可以是以下两种形式：

第一种为

```
fun(int (*p)[6])        //形参为行指针

{…}
```

第二种为

```
fun( int a[5][6])       //形参为同情形的二维数组
```

```
{…}
```

或

```
fun(int a[ ][6])

{…}
```

同一维数组名作函数参数一样，当进行函数调用时，实际上是把二维数组的首地址传给形参，此时系统只为形参开辟一个存放地址的存储单元，而不会在调用函数时为形参开辟一系列存放数组的存储单元。

8.4 用字符指针操作字符串

微课 46 用字符指针操作字符串

字符串常量是由双引号括起来的字符序列。例如，"a string"就是一个字符串常量，该字符串中字符 a 后面还有一个空格字符，所以它由 8 个字符序列组成。

在程序中如出现字符串，C 编译程序就给字符串安排一个存储区域。这个区域是静态的，在整个程序运行的过程中始终占用，平时所讲的字符串常量的长度是指该字符串的字符个数。但是，在字符串实际的存储中，C 编译程序还自动给该字符串序列的末尾加上一个空字符'\0'，用以标志字符串的结束，因此一个字符串所占的存储区域的字节数总比它实际的字符个数多一字节。

在单元 6 中学习过用字符数组实现和处理字符串的方法，实现方式是把字符串常量存放在一个字符数组之中，然后通过该字符数组实现对字符串的操作。例如：

```
char s[]="a string";
```

字符串实质上是存放在某存储区域的一串字符序列，所以可以用字符指针指向字符串，通过字符指针访问该存储区域。

【例 8-13】

```
char *cp;
    cp="a string";
```

该语句等价于：

```
char*cp="a string";
```

此例中，cp 被定义为一个字符指针，它指向字符串常量中的首字符"a"。如图 8-16 所示。

图 8-16
通过字符指针实现字符串

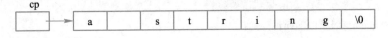

可通过 cp 来访问这一存储区域，如*cp 或 cp[0]就是访问字符"a"，而 cp[i]或*(cp+i)就相当于字符串的第 i+1 个字符。

【例 8-14】 将字符串中的指定字符用另一个字符替换。

分析：自定义函数 replace()实现字符替换功能，用指针 p 访问要操作的字符串，用变量 oldc 和 newc 分别代表替换前和替换后的字符。其基本思想是，从 p 指向的第一个元素开始，依次判断 p[i]是否为字符 oldc，如果是，则用 newc 替换 oldc，当 p 所指向的字符为字符串结束标志'\0'时为止。

程序实现代码如下：

源代码
【例 8-14】程序

```
#include <stdio.h>
void replace(char *,char,char);              //函数声明
void main(void)
{    char s[]="My name is Jason.";
     char c1,c2;
     printf("\n 原来的字符串=%s",s);
     printf("\n 请指定一个被替换的字符:");
     c1=getchar( );
     fflush(stdin);                          //清空输入缓冲区函数
     printf("请输入一个新字符:");
     c2=getchar( );
     replace(s,c1,c2);                       //函数调用
     printf("新的字符串=%s\n",s);
}
void replace(char *p, char oldc, char newc)  //函数定义
{    int i;
     for(i=0; p[i]!= '\0';i++)
          if(p[i]==oldc) p[i]=newc;
}
```

程序运行结果如图 8-17 所示。

图 8-17
程序运行结果

【随堂练习 8-4】

以下函数的功能是：计算一个字符串的实际长度。将程序补充完整。

```
int strlen( char *s )
{    int len=0;                 //定义计数器变量
     _____

     _____

     return(len);

}
```

微课 47 返回地址的函数

源代码
【例 8-16】程序

*8.5 返回地址的函数

函数返回值可以是地址（指针类型），如字符串处理函数 strcpy()、strcat()等。用户可以根据需要编写返回值为地址的函数。此时函数的定义形式为：

```
类型标识符  *函数名  ([形参列表]);
```

【例 8-15】

```
int *fun(int a, int b);
```

fun 是函数名，a 和 b 是函数的形参，函数的返回值为整型指针。对函数 fun 调用以后，能得到一个指向整型数据的指针（地址）。

【例 8-16】 将两个整数中较大的那个数的地址作为返回值。

```c
#include <stdio.h>

int *fun(int *, int *);

void main( )
{    int *p,i,j;
    printf("请输入两个数:");
    scanf("%d%d",&i,&j);
    p=fun(&i,&j);        //将返回的地址值赋值给指针变量 p
    printf("第一个数为%d,存储地址为:%p.\n",i,&i);
    printf("第二个数为%d,存储地址为:%p.\n",j,&j);
    printf("较大的数为%d,存储地址为:%p.\n",*p,p);
}
int *fun(int *a, int *b)
{    if(*a>*b)
        return a;
    else
        return b;
}
```

程序运行结果如图 8-18 所示。

```
请输入两个数:10 32
第一个数为10,存储地址为:0018FF40.
第二个数为32,存储地址为:0018FF3C.
较大的数为32,存储地址为:0018FF3C.
```

图 8-18
程序运行结果

通过该例可以看出，正确使用返回值为指针的函数，需要做到以下三点：

① 在函数定义时，通过在函数名前添加"*"指明函数返回值为地址值。

② 在函数返回值语句 return 中指明返回的地址值。

126

③ 主调函数中返回值的接收者也为指针类型。

【随堂练习 8-5】

以下函数的功能是：获取第 n 个数组元素的地址。将程序补充完整。

```
_____  getadd( int *p ,int n)    //指针 p 指向数组首地址
{    return(_____);
}
```

📖 单元总结

在本单元中，对指针的理解，以及利用指针访问不同形式的数据是核心内容。通过本单元的学习，应知道：

1. 内存地址就称为指针。C 语言允许用一个变量来存放指针，这种变量称为指针变量，而指针变量的值就是某个内存单元的地址。

2. 定义指针变量的一般格式为＿＿＿＿＿＿＿＿＿＿＿＿＿＿＿＿＿＿＿＿＿＿，其中：

① "指针变量名"前面的"*"，表示该变量是指针变量，不能省略。

② "类型标识符"表示该指针变量所指向的变量的数据类型。

③ 当一个指针变量已确定指向某类型的变量时，不能再指向另一种类型的变量。

3. 指针变量被赋值后即可引用，引用指针变量的一般方法为＿＿＿＿＿＿＿＿＿＿。

4. 指针和数组有着密切的关系，任何通过控制数组下标实现的对数组的操作，都可用指针来实现。要通过指针操作数组，首先要建立指针变量与数组之间的关系，然后才能通过指针变量访问数组元素。若有语句段：

① int a[10]; int *p; p=a;

则对于一维数组 a 中元素的访问方式有＿＿＿＿＿＿、＿＿＿＿＿＿、＿＿＿＿＿＿；对数组元素地址的表示方式有＿＿＿＿＿＿、＿＿＿＿＿＿、＿＿＿＿＿＿。

② int s[3][4];

则建立指针与二维数组 s 之间关系的方式有＿＿＿＿＿＿＿＿＿＿＿＿＿＿＿、＿＿＿＿＿＿＿＿＿＿＿＿＿、＿＿＿＿＿＿＿＿＿＿＿＿＿＿。

5. 数组名代表数组的首地址，利用函数处理一维数组数据时，函数之间的参数传递为＿＿＿＿＿＿。将数组的首地址作为实参传递给函数的形参以后，实参数组和形参数组其实是同一段内存中的数据。

6. 字符串是存放在某存储区域的一串字符序列，可通过字符数组和字符指针两种方式操作字符串。

7. 函数返回值可以是地址（指针类型），返回值为地址的函数定义形式为＿＿＿＿＿＿＿＿＿＿＿＿＿＿＿＿＿＿＿＿＿＿＿＿＿＿＿＿。

通过本单元的学习，应明确地址和指针的关系，掌握使用指针访问内存数据的基本方法。

知识拓展

动态内存分配

要存储数量比较多的相同类型或相同结构的数据时，可以使用数组。例如，对一个班级学生的某课程分数进行排序，会定义一个浮点型数组；要处理一个班的学生信息时，会使用结构类型数组。

利用数组存储数据，给用户带来了很大的方便。然而，在使用数组时，总有一个问题困扰着用户，这个问题就是数组应该定义多大。

在很多情况下，并不能确定要使用多大的数组，这时就要把数组定义得足够大。这样，程序在运行时就申请了固定大小的足够大的内存空间。但是，如果因为某种特殊原因人数有所增加，就必须重新去修改程序，扩大数组的存储范围。这种固定大小的内存分配方法称之为静态内存分配。这种内存分配方法存在比较严重的缺陷：当分配的内存空间过大时，会浪费内存空间；而分配的内存空间不够时，又可能引起下标越界错误，甚至导致严重后果。

那么有没有办法来解决这样的问题呢？当然有，这就是动态内存分配。

动态内存分配（Dynamic Memory Allocation）是指在程序执行的过程中动态地分配或者回收存储空间的内存分配方法。动态内存分配不像数组等静态内存分配那样需要预先分配存储空间，而是由系统根据程序的需要实时分配。

C 语言提供了能够实现动态内存分配与管理的相应库函数。

（1）malloc 函数

malloc 函数的原型是

```
void *malloc (unsigned int size);
```

该函数的作用是在内存的动态存储区中分配一个长度为 size 的连续空间。其参数是一个无符号整型数，返回值是一个指向所分配的连续存储域的起始地址。如果分配不成功，返回一个 NULL 指针。

（2）calloc 函数

calloc 函数的原型是

```
void *calloc(unsigned n, unsigned size);
```

该函数的作用是在内存的动态存储区中分配 n 个长度为 size 的连续空间，函数返回一个指向分配起始地址；如果分配不成功，返回一个 NULL 指针。

（3）free 函数

free 函数的原型是

```
void free(void *p);
```

由于内存区域是有限的，不能无限制地分配下去，而且一个程序要尽量节省资源，所以当所分配的内存区域不用时，就要释放它，以便其他的变量或者程序使用。free 函数的作用是释放指针 p 所指向的内存区域。其参数 p 必须是之前调用 malloc 函数或 calloc 函数（另一个动态分配存储区域的函数）时返回的指针。给 free 函数传递其他的值很可能造成死机或其他灾难性的后果。

下面通过实例讲解动态内存分配函数的使用。

【实例】动态分配 *n* 个整型内存单元，实现数据的输入与输出操作。

```
#include <stdio.h>
#include <stdlib.h>
#include <malloc.h>
void main()
{ int n,i,*p;     //n是要处理的数据个数，i是一个计数器，p是一个整型指针
  printf("请输入数据个数：");
  scanf("%d",&n);
  p=(int*)malloc(n*sizeof(int)); //分配内存空间，等价于p=(int*)calloc(n,
  sizeof(int));
  if(p==NULL)
  { printf("不能成功分配存储空间。");
    exit(1);
  }
  printf("请输入%d个数据：\n",n);
  for (i=0;i<n;i++)     //给各元素赋值
    scanf("%d",p+i);
  printf("所输入的数据为：\n");
  for (i=0;i<n;i++)     //输出各元素
    printf("%4d",p[i]);
  free(p);                //释放内存空间
}
```

本实例动态分配了 *n* 个整型存储区域，然后通过指针进行输入和输出操作。

malloc 函数和 calloc 函数是对存储区域进行分配的，free 函数是释放已经不用的内存区域的。通过这几个函数配合，就可以实现对内存区域动态分配和简单管理了。另外，这几个函数是库函数，在使用之前应包含其所对应的头文件，在 TC 2.0 中可以用 malloc.h 或 alloc.h（注意，alloc.h 与 malloc.h 的内容是完全一致的），而在 Visual C++ 6.0 中可以用 malloc.h 或者 stdlib.h。

单元 9　结构体、共用体与用户自定义类型

 导学

生活中会遇到一些表格数据，如表 9-1。

表 9-1　某单位招聘考试结果

编　　号	姓　　名	笔试成绩	面试成绩	总　成　绩
1501	王虎	89	92	181
1502	李雪	87	96	183
1503	张扬	82	85	167
⋮	⋮	⋮	⋮	⋮

表 9-1 记录的是某单位招聘考试结果。经分析不难看出，表格中的数据构成有如下特点：

① 行内各字段数据的类型和含义不完全相同。

② 各行间数据类型情况是相同的。

这是一个特殊的数据集合，不同类型的数据作为一个整体存在，这样的数据通常以"行"为单位进行处理。针对此类数据问题，C 语言提供了"结构体"这一构造类型来进行表示。在预习本单元的基础上，完成如下问题：

【问题】 结构体类型使用的大致步骤是什么？

_____

_____

_____

本单元学习任务

1. 理解并学会构建结构类型。

2. 学会结构类型的说明方法，并会定义和操作结构类型数据。

3. 会处理结构类型数据操作过程中出现的常见问题。

4. 了解共用体类型、用户自定义类型的含义。

文本　单元九　学习思维导图

PPT　单元九　结构体、共用体与用户自定义类型

PPT

9.1　结构体类型的基本使用

结构体类型的使用方法类似于绘制二维表格的过程，如图 9-1 所示。

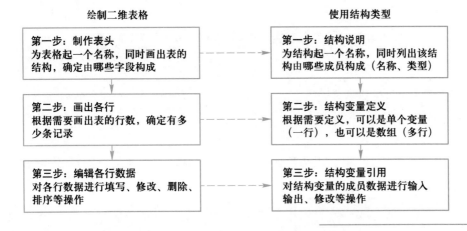

图 9-1
结构体类型的使用与绘制二维表格的类似关系

9.1.1　结构体类型的说明

【例 9-1】说明表 9-1 的结构体类型。

```
struct  job_exam        //结构体类型关键字和结构体类型名称
{ unsigned num;         //编号
  char name[10];        //姓名
  int  exama;           //笔试成绩
  int  examb;           //面试成绩
  int  total;           //总成绩
};
```

微课 49　结构体类型基本使用

通过例 9-1 可以看出，结构体类型说明的一般格式为：

```
struct  <结构名>
{ <类型名 1>  <成员变量名 1>;
  <类型名 2>  <成员变量名 2>;
  ......
  <类型名 n>  <成员变量名 n>;
};
```

微课 50　如何说明结构体类型

说明：

① struct 是关键字，是结构体类型说明的标识，不能省略；"结构名"是给用户自定义的结构体类型起的名称，相当于数据库中二维表的名称；struct 与结构名一起构成结构体类

型标识符，用于定义结构体变量。

② 结构体类型中的各个成员变量用大括号{}括起来，并以分号(;)结束。其中成员的"类型名"可以是各种基本数据类型、数组，也可以是已说明的结构体类型；"成员变量名"是每一个成员变量的名称，相当于数据库二维表中各数据项（字段）的名称。

9.1.2 结构体变量的定义

微课 51 如何定义结构体变量

【例 9-2】 用例 9-1 所述的结构体类型 job_exam 定义结构体变量。

```
struct  job_exam  a,b;          //定义两个结构体变量 a 和 b
struct  job_exam  s[3];         //定义一个结构体变量数组 s，有三个元素
struct  job_exam  *p=&a;        //定义一个结构体指针 p，指向结构体变量 a
```

说明：

① 本例中用已说明的结构体类型 job_exam 定义结构体变量，也可以将结构体类型说明和结构体变量定义合二为一。

```
struct  job_exam
{  unsigned  num;
   char name[10];
   int  exama;
   int  examb;
   int  total;
}a,b,s[3],*p;
```

② 可以在定义结构体变量时初始化，按结构体变量中每个成员在结构中的顺序依次对应赋初值，所赋初值用{ }括起。

```
struct  job_exam
{  unsigned  num;
   char name[10];
   int  exama;
   int  examb;
   int  total;
}a={1501,"王虎",89,92},s[3]={{1501,"王虎",89,92},{1502,"李雪",87,96},
  {1503,"张扬",82,85}};
```

③ 系统为结构体变量分配内存的字节总数为：结构体变量所包含的各个成员变量所占字节数之和，如结构体变量 a 所占内存字节数为 26。

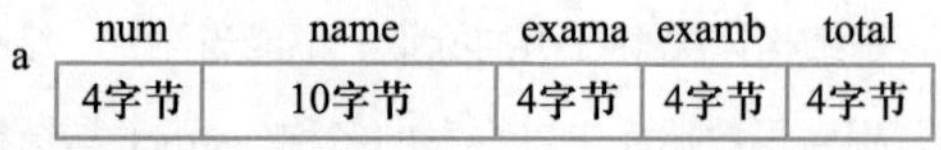

图 9-2
结构体变量 a 所占内存字节数

a	num	name	exama	examb	total
	4字节	10字节	4字节	4字节	4字节

9.1.3   结构体变量的引用

微课 52   如何引用结构体变量

1.   引用结构体变量成员

对结构体变量的使用，包括赋值、输入、输出、运算等，一般都通过结构体变量的成员来实现。

【例 9-3】 用成员运算符 "." 引用结构体变量成员。

```c
#include <stdio.h>
void main( )
{
  struct  job_exam
  { unsigned  num;
    char name[10];
    int  exama;
    int  examb;
    int  total;
  }a={1501,"王虎",89,92};
  a.total=a.exama+a.examb;  //计算总成绩
  printf("编号   姓名  笔试  面试 总成绩\n");
  printf("%4u%8s%6d%6d%6d\n",a.num,a.name,a.exama,a.examb,a.total);
}
```

程序运行结果如图 9-3 所示。

编号	姓名	笔试	面试	总成绩
1501	王虎	89	92	181

图 9-3
程序运行结果

【例 9-4】 用指针引用结构体变量成员，输出表 9-1 中的数据。

```c
#include <stdio.h>
void main( )
{
  struct  job_exam
  { unsigned  num;
    char name[10];
    int  exama;
    int  examb;
    int  total;
  }*p,s[3]={{1501,"王虎",89,92},
            {1502,"李雪",87,96},
```

133

```
                    {1503,"张扬",82,85}
                };
    p=s;        //指针 p 指向数组首地址
    printf("编号    姓名  笔试  面试 总成绩\n");
    for(int i=0;i<3;i++)
    {   (*p).total=(*p).exama+(*p).examb;//等价于 p->total=p->exama+p-> examb;
        printf("%4u%8s%6d%6d%6d\n",p->num,p->name,p->exama,p->examb,p->total);
        p++;
    }
}
```

程序运行结果如图 9-4 所示。

图 9-4
程序运行结果

通过本例可知，若定义了一个结构体变量和一个指向结构体变量的指针，则可以用以下 3 种形式访问结构体变量中的成员。

① 结构体变量.成员名   //利用成员运算符"."访问

② (*结构体指针).成员名   //利用指针运算符"*"和成员运算符"."访问

③ 结构体指针->成员名   //利用指针和指向运算符"->"访问

2. 引用结构体变量整体

处理结构体变量数据时，如果具有相同结构体类型的变量之间需要整体赋值，可以直接执行赋值操作。

【例 9-5】 输出表 9-1 中总成绩最高的考生信息。

源代码
【例 9-5】程序

```
#include <stdio.h>
void main( )
{
  struct  job_exam
  { unsigned  num;
    char name[10];
    int  exama;
    int  examb;
    int  total;
  }t,s[3]={{1501,"王虎",89,92},
          {1502,"李雪",87,96},
```

```
                {1503,"张扬",82,85}
                };
  for(int i=0;i<3;i++)
    s[i].total=s[i].exama+s[i].examb;
  t=s[0];     //结构体变量整体赋值，假设 s[0]对应的总成绩最高
  if(t.total<s[1].total)   t=s[1];    //逐个比较
  if(t.total<s[2].total)   t=s[2];
  printf("总成绩最高的考生信息:\n");
  printf("编号   姓名  笔试   面试 总成绩\n");
  printf("%4u%8s%6d%6d%6d\n",t.num,t.name,t.exama,t.examb,t.total);
}
```

程序运行结果如图 9-5 所示。

图 9-5
程序运行结果

【随堂练习 9-1】

为例 9-2①中的结构体变量 a、b 输入各成员值，交换 a 和 b 的数据后输出。

*9.2　用函数处理结构体类型数据

结构体变量不能作为一个整体进行输入和输出，但结构体变量作为一个整体可以被复制、赋值、传递给函数并可作为函数返回值。

当用结构体变量作函数参数进行整体传送时，要将全部成员逐个传送，当成员是数组时将会使传送的时间和空间开销很大，严重地降低了程序的效率。一般情况下不将结构体变量作为函数参数，而采用结构体指针变量，即用指向结构体变量的指针作为函数参数进行传送。这时由实参传向形参的只是地址，从而减少了时间和空间的开销。

微课 53　用函数
处理结构体数据

【例 9-6】 输出表 9-1 中总成绩最高的考生信息，用函数实现最高总成绩的考生信息的查找。

源代码
【例 9-6】程序

```
#include <stdio.h>
struct  job_exam              //声明全局结构体类型及变量
  {  unsigned  num;
    char name[10];
    int  exama;
    int  examb;
    int  total;
}s[3]={{1501,"王虎",89,92},
```

```
                    {1502,"李雪",87,96},

                    {1503,"张扬",82,85}

                    };
void find(struct job_exam *p);    //自定义函数声明


void main( )
{ int i;
  struct job_exam t;              //结构体变量 t 用于存放总成绩最高的学生信息
  for(i=0;i<3;i++)
    s[i].total=s[i].exama+s[i].examb;
  find(&t);                       //函数调用
  printf("总成绩最高的考生信息:\n");
  printf("编号   姓名   笔试   面试  总成绩\n");
  printf("%4u%8s%6d%6d%6d\n",t.num,t.name,t.exama,t.examb,t.total);
}
void find(struct job_exam *p)     //自定义函数，查找最高总成绩
{
  *p=s[0];
  for(int i=1;i<3;i++)
   if((*p).total<s[i].total)
        *p=s[i];
}
```

程序运行结果与例 9-5 相同。

结构体类型 job_exam 的说明和结构体变量数组 s[3]的定义，采用全局声明的方式，因此在整个程序中有效。在 main 函数中定义了结构体变量 t，用于存放最高总成绩的考生信息。自定义函数 find 用于查找数组中最高总成绩的考生信息，其形参为结构体指针变量 p。

程序执行过程中，主调函数 main( )调用被调函数 find( )，并将 t 的地址传递给结构体指针 p，此时 p 指向 t 的内存空间。函数 find( )执行后将最高总成绩的考生信息保存在指针 p 所指向的内存空间，即主调函数中的结构体变量 t 所对应的内存空间。

【例 9-7】 学生的记录由学号和成绩组成，N 名学生的数据已在主函数中放入结构体数组 s 中，请编写函数 fun( )，其功能是：按分数的高低排列学生的记录，低分在前。

分析：排序可以使用冒泡排序法。当对相邻的两个学生成绩进行比较时，如果逆序，则需要交换的不仅仅是成绩所对应的成员变量，而应该是对两个学生数据所对应的结构体变量（记录）进行整体交换。

源代码
【例 9-7】程序

程序实现代码如下：

```
#include <stdio.h>
```

```
#define N 16
struct score
{ char num[10];
  int s ;
};
int fun (struct score a[])
{
  int i,j;
  struct score t;
  for(i=1;i<N;i++)              //用冒泡法进行排序,进行 N-1 次比较
    for(j=0;j<N-1;j++)          //在每一次比较中要进行 N-1 次两两比较
      if(a[j].s>a[j+1].s)       //按分数的高低排列学生的记录，低分在前
        {
          t=a[j];
          a[j]=a[j+1];
          a[j+1]=t;
        }
  return 0;
}

void main ()
{ struct score s[N]={{"GA005",88},{"GA003",64},{"GA002",77},{"GA004",89},
  {"GA001",54},{"GA007",72},{"GA008",72},{"GA006",65},
  {"GA015",83},{"GA013",95},{"GA012",55},{"GA014",68},
  {"GA011",78},{"GA017",53},{"GA018",92},{"GA016",82}};
  int i;
  fun(s);
  printf("The data after sorted :\n");
  for(i=0; i<N; i++)
    {
      if((i%4)==0)              //每行输出 4 个学生记录
        printf("\n");
      printf("%s %4d ",s[i].num,s[i].s);
    }
  printf("\n");
}
```

程序运行结果如图 9-6 所示。

```
The data after sorted :
GA017    53 GA001    54 GA012    55 GA003    64
GA006    65 GA014    68 GA007    72 GA008    72
GA002    77 GA011    78 GA016    82 GA015    83
GA005    88 GA004    89 GA018    92 GA013    95
Press any key to continue
```

图 9-6
程序运行结果

*9.3　链表

链表是结构体类型的重要应用。链表（Linked list）是一种常见的基础数据结构，它是一组结点（node）的序列，除了最后一个结点外，每一个结点里存着下一个节点的地址指针（Pointer），如图 9-7 所示。

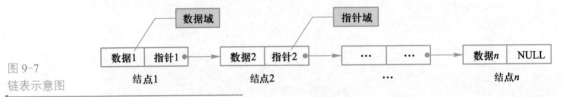

图 9-7
链表示意图

链表的每个结点有两个信息：一个是数据域，用来存放结点要存放的数据；一个是指针域，用来存放下一个结点的内存地址。也就是说，结点 1 中除了存放数据 1 之外，还存放一个指向结点 2 的指针（结点 2 的内存地址）；结点 2 中除了存放数据 2 之外，还存放一个指向结点 3 的指针，以此类推，最后一个结点的指针域为 NULL，不再有后继结点，这样就形成了链表。

可以看出，链表中各结点在内存中的地址可以是不连续的。要找到某一个结点，必须先找到上一个结点。所以，应有一个"头指针"用来存放第一个结点的地址，否则整个链表都无法访问。

为了理解链表，打一个通俗的比方：幼儿园的老师带领孩子们出来散步，老师牵着第 1 个小孩的手，第 1 个小孩牵着第 2 个小孩的手……，这就是一个"链"，老师就是"头指针"，最后一个孩子有一只手空着，这就是"链尾"。要查找这个队伍，必须先找到老师，然后再顺序找到每一个孩子。

描述链表的关键问题是描述结点。那么，在 C 语言中，如何表示结点信息呢？

以图 9-3 中的结点为例，数据域假定为 int 类型，指针域要用指针类型表示，而该指针指向的数据对象与结点本身同类型，因此可以得到如下说明：

```c
struct node{
    int  data;              //数据域
    struct node *next;      //指针域，指针 next 指向同类型的结点
};
```

可以看出，在结构体类型说明"struct node"中，又出现了"struct node"类型指针，因此链表是一种递归的数据结构。

下面以"内存空闲空间的管理"为例来说明链表的应用及其常见操作。

内存中存在着大量的不连续的空闲空间，操作系统对于内存空闲空间的管理可以通过空闲内存信息链表实现，每个结点包括空闲内存字节数和下一个空闲内存区域的起始地址。其结点的结构体类型直接使用上面定义的 struct node，其中成员 data 存放当前空闲内存块字节数，next 指向下一个空闲内存块的首地址。假定现有空闲内存信息如图 9-8 链表所示。

图 9-8
空闲内存信息链表

下面使用该链表进行内存空闲空间的管理。

① 建立空闲内存信息初始链表。仅包括头指针和一个空结点，如图 9-9 所示。

主要语句如下：

```
struct node  *h, *s;   //h 为头指针，s 为空结点
h=( struct node *)malloc(sizeof(struct node));
s=( struct node *)malloc(sizeof(struct node));
h->next=s;
s->next=NULL;
```

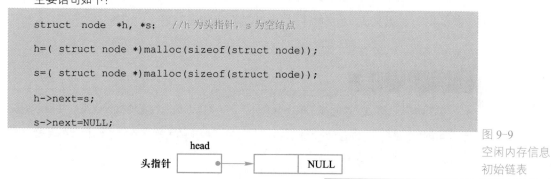

图 9-9
空闲内存信息
初始链表

当有空闲内存区域时，则在空结点中的数据域写入空闲内存字节数。例如，空闲内存情况如图 9-8 所示结点 2 中的 50KB，则有如下语句：

```
s->data=50;
```

② 将新空闲内存信息结点插入到链表中：生成新结点，将数据存入结点的成员变量中，将新结点插入到链表。图 9-10 所示为将图 9-8 中的结点 1 插入图 9-9 所示的链表中。

主要语句如下：

```
struct  node  *p;   //新结点
p=( struct node *)malloc(sizeof(struct node));
p->data=10;
p->next=h->next;
 h->next=p;
```

③ 删除链表中的结点：当某空闲内存信息结点所对应的内存被占用后，该结点将从链表中被删除。假设删除图 9-10 中新插入的结点 p。

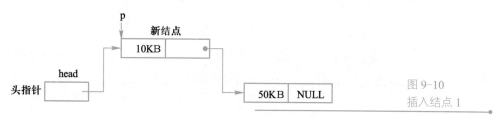

图 9-10
插入结点 1

主要语句如下:

```
h=p->next;

free(p);
```

以上通过内存空闲空间的管理介绍了链表的应用及常见操作。当然,操作系统对内存的管理比这要复杂得多。链表在程序设计中有着广泛的应用,如监控系统中内存数据库的建立与操作、天气预报中天气预告图的制作等。

大家可能会有这样的疑问,为什么不用数组取代链表呢?这就要弄明白数组和链表的差异。从存储角度讲,对于数组,各个元素的地址是连续的,而链表中各结点的地址通常是不连续的;从元素个数的角度讲,一个数组一旦被定义其元素个数是确定的,而链表的结点可以动态申请;从数据操作的角度讲,在数组中插入或删除数据时,会有较多的元素发生数据移动,而链表则不会出现这种情况。

*9.4 共用体类型

"共用体"也称为"共同体"或"联合体"。共用体也是一种新的数据类型。共用体的说明、共用体变量的定义与结构体十分相似,只是所使用的关键字不同。结构体的关键字为struct,而共用体的关键字为 union。

使用共用体变量时,系统按其成员变量中占用内存字节数最多者分配内存,共用体中的若干成员变量共用这一段内存空间,当对共用体变量中的某成员变量进行赋值、更新时,其他成员变量的值也相应更改。在共用体变量所占用的存储单元中,在不同的时间可能保存不同的数据类型和不同长度的变量。

【例 9-8】

```
union un
{   int i;
    double x;
}s;
```

在共用体变量 s 中,对应的成员整型 i 和浮点型 x 共用一段内存空间,如图 9-11 所示。

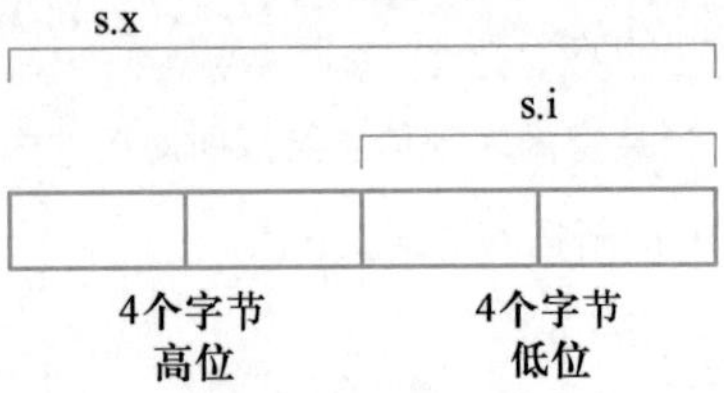

图 9-11
共用体变量内存
占用情况

从图 9-11 中可以看出,所有成员共用一段存储区,而这个存储空间的大小可以通过sizeof(union un)计算。另外,所有成员首地址相同,即&s、&s.i、&s.x 的值相同。

共用体变量的初始化和引用的方法与结构体变量相同。

结构体与共用体之间的差别主要体现在以下两点：

① 结构体和共用体都是由多个不同的数据类型成员组成，但在任何同一时刻，共用体中只存放了一个被选中的成员，而结构体中，所有成员都存在。

② 对于共用体的不同成员赋值，将会对原有成员值重写，原来成员的值就不存在了，而对于结构的不同成员赋值是互不影响的。

9.5 用户自定义类型

C 语言允许用 typedef 说明一种新的类型名，或对已有基本数据类型重新命名。

微课 54 用户自定义类型

1. 将已有基本数据类型重新命名

一般格式为：

```
typedef  <基本类型名> <新类型名>;
```

【例 9-9】

```
typedef int SIGNED_INT;      //将整型 int 重新命名为 SIGNED_INT
SIGNED_INT i, j;             //用 SIGNED_INT 定义变量 i 和 j
```

使用该说明后，SIGNED_INT 就成为 int 的同义词了，此时可以用 SIGNED_INT 定义整型变量。所以语句 "SIGNED_INT i, j；" 与 "int i, j；" 是等效的。但重命名的 SIGNED_INT 只能用来定义 int 类型变量，而 "long SIGNED_INT i, j；" 这种定义则是非法的。

需要注意的是，typedef 只定义了一个数据类型的新名字而不是定义一种新的数据类型。若想用 "新类型名" 代表指针类型名，只需在说明时将 "新类型名" 前标注 "*" 即可。

【例 9-10】

```
typedef  char *CP;           //将 char *重新命名为 CP
CP p;                        //用 CP 定义指针变量 p
```

此时，p 为一个指向字符类型数据的指针变量。以上语句等价于 "char *p；"。

2. 用 typedef 说明一个用户自定义新类型

可用 typedef 说明一个结构体、共同体等用户自定义类型。

【例 9-11】

```
typedef  struct      //使用 typedef 将用户自定义的结构类型命名为 STD_GRADE
{   char name[12];
    char sex;
    sturct date birthday;
    float sc[4];
}STD_GRADE;
STD_GRADE  std,pers[3],*pstd; //用 STD_GRADE 定义结构体变量 std、pers[3]和*pstd
```

【随堂练习9-2】

使用 typedef 对例 9-6 和例 9-7 中的结构体类型进行说明。

📖 单元总结

本单元的核心内容是结构体类型数据的含义、结构体类型的描述方法、结构体类型数据的基本操作。通过本单元的学习，应知道：

1．结构体类型数据使用的基本步骤为＿＿＿＿＿＿、＿＿＿＿＿＿＿＿和＿＿＿＿＿＿＿＿＿。

2．结构体类型说明的关键字为＿＿＿＿＿＿＿＿＿＿＿＿。结构体类型变量所占用内存字节数为＿＿＿＿＿＿＿＿＿＿＿＿＿＿＿＿＿＿＿＿＿。

3．若定义了一个结构体变量和一个指向结构体变量的指针，则可以用以下 3 种形式访问结构成员：

① 利用结构体变量与成员运算符相结合，基本格式为＿＿＿＿＿＿＿＿＿＿＿＿＿。

② 利用结构体指针与成员运算符相结合，基本格式为＿＿＿＿＿＿＿＿＿＿＿＿＿。

③ 利用结构体指针与指向运算符相结合，基本格式为＿＿＿＿＿＿＿＿＿＿＿＿＿。

4．结构体变量不能作为一个整体进行输入和输出，但结构体变量作为一个整体可以被复制、赋值、传递参数，以及作为函数返回值。当用结构体变量作函数参数进行整体传送时，要将全部成员逐个传送，特别是成员为数组时，将会使传送的时间和空间开销很大，所以一般不将结构体变量作为函数参数，而用结构体指针变量作函数参数。这时由实参向形参传递的只是地址，从而减少了时间和空间的开销。

5．共用体类型说明的关键字为＿＿＿＿＿＿＿＿＿＿＿＿。共用体类型变量所占用的内存字节数为＿＿＿＿＿＿＿＿＿＿＿＿＿＿＿＿＿＿＿＿。

6．结构体和共用体类型的差异在于＿＿。

7．用户自定义类型的关键字为＿＿＿＿＿＿＿＿＿＿＿＿＿＿。

通过本单元的学习，应明确结构体类型的数据特点，掌握结构体类型数据描述和操作的基本步骤与方法，了解共用体和用户自定义类型的含义。

📖 知识拓展

数据库技术

在学习 C 语言的过程中我们编写了很多程序，其中用到了很多数据，包括基本类型数据、数组、结构类等派生类型数据。其实，真正意义上的软件所涉及的数据远远不止这些，如公司客户信息管理系统、银行账户交易管理系统等，都将涉及大量的信息数据，这时采用学过的数据形式将不能满足软件设计要求。那么，如何操作和管理大量数据呢？这就需要采用数据库技术。

数据库技术产生于 20 世纪 60 年代末 70 年代初，其主要目的是有效地管理和存取大量的数据资源。数据库技术是通过研究数据库的结构、存储、管理以及应用的基本理论，实现对数据库中的数据进行处理、分析的技术。

数据库管理系统（database management system，DBMS）是一种操纵和管理数据库的大型软件，用于建立、使用和维护数据库。它对数据库进行统一的管理和控制，以保证数据库的安全性和完整性。用户通过 DBMS 访问数据库中的数据，数据库管理员也通过 DBMS 进行数据库的维护工作。它可使多个应用程序和用户用不同的方法，在同时或不同时刻去建立、修改和查询数据库。DBMS 提供数据定义语言（data definition language，DDL）与数据操作语言（data manipulation language，DML），供用户定义数据库的模式结构与权限约束，实现对数据的追加、删除等操作。

目前，商品化的数据库管理系统以关系数据库为主导产品，技术比较成熟。国际国内的主导关系数据库管理系统有 Oracle、SQL Server、MySQL 等。

1. Oracle

提起数据库，第一个想到的公司，一般都会是 Oracle（甲骨文）。该公司成立于 1977 年，最初是一家专门开发数据库的公司。Oracle 在数据库领域一直处于领先地位。 1984 年，首先将关系数据库转到了桌面计算机上。然后，Oracle 5 率先推出分布式数据库、客户机/服务器结构等崭新的概念。Oracle 6 首创行锁定模式以及对称多处理计算机的支持。最新的 Oracle 8 主要增加了对象技术，成为"关系—对象"数据库系统。目前，Oracle 产品覆盖了大中小型机的几十种机型，Oracle 数据库成为世界上使用最广泛的关系数据系统之一，并主要作为商业用途。目前 Oracle 的最新版本为 2Oc。

2. SQL Server

SQL Server 是由微软公司开发的数据库管理系统，是 Web 上最流行的用于存储数据的数据库，它已广泛用于电子商务、银行、保险、电力等与数据库有关的行业。SQL Server 提供了众多的 Web 和电子商务功能，如对 XML 和 Internet 标准的丰富支持，通过 Web 对数据进行轻松安全的访问，具有强大、灵活、基于 Web 的安全应用程序管理等。而且，由于它的易操作性及友好的操作界面，深受广大用户的喜爱。目前最新版本是 SQL Server 2019，它不仅能在 Windows 操作系统上运行，还能运行在 Linux 操作系统平台。

3. MySQL

MySQL 是最受欢迎的开源 SQL 数据库管理系统，它由 MySQL AB 开发、发布和支持。MySQL AB 是一家基于 MySQL 开发人员的商业公司，也是一家使用了一种成功的商业模式来结合开源价值和方法论的第二代开源公司。MySQL 是 MySQL AB 的注册商标。MySQL 是一个快速、多线程、多用户和健壮的 SQL 数据库服务器。MySQL 服务器支持关键任务、重负载生产系统的使用，也可以将它嵌入到一个大配置（mass- deployed）的软件中去。

除此之外，还有微软公司的 Access、FoxPro 等数据库管理系统。

在实际应用中，选择数据库的首要原则就是符合用户数据的实际管理需求，另一方面还要考虑软件的开发预算。

单元 10　文件操作

导学

　　以前编写的程序，其处理的原始数据或结果会随着程序运行的结束而消失，这显然与实际应用不相符合。在实际应用中，有时需要把程序处理的数据结果保存成文件，以备将来使用；或者程序处理的原始数据是从某个文件中读取出来的。所以，如何实现数据的长期保存又能实现数据共享是程序设计的又一重要内容，其实质就是对文件的读写操作。

　　对数据文件的读写操作过程，如同读一本书或写一本书一样，如图 10-1 所示。

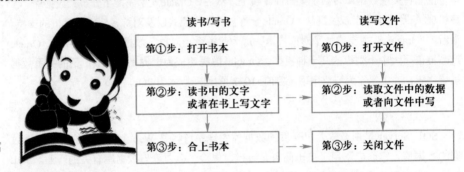

图 10-1
读写文件与读写
书的类似关系

　　在预习本单元的基础上，完成如下问题：

【问题 10-1】　读书用"眼睛"，写书用"笔"，那么 C 语言读写文件用什么？

【问题 10-2】　C 语言如何实现文件的打开、文件的读写和文件的关闭等操作？

本单元学习任务

1. 理解文件指针的含义，掌握文件操作的基本方法和步骤。

2. 理解并学会常用文件操作函数的基本使用。

3. 会处理和调试文件操作过程中出现的常见问题。

知识描述

10.1　文件操作概述

C 语言通过系统提供的结构类型 FILE 定义的文件指针变量来访问文件。从文件中读取数据时，该文件指针就相当于人读书时的"眼睛"；向文件中写入数据时，该文件指针就相当于人写书时的"笔"。结构类型 FILE 已在头文件 stdio.h 中定义了，在对文件进行操作时，用 FILE 直接定义文件指针变量即可。

定义形式为：

```
FILE *文件指针变量名;
```

其中 FILE 必须大写，*表示定义的变量是指针类型。

【例 10-1】

```
FILE *fp;    //定义文件指针变量 fp
```

本例中定义了一个文件指针变量 fp，将来就可以使用 fp 指向目标文件进行访问操作。如同字符串有结束标志'\0'一样，文件也有其结束标志，文件的结束标志为 EOF（该符号常量的值为-1，在头文件 stdio.h 中定义了），对文件进行数据输入输出时，利用 fp 逐一读写数据，直到 fp 遇到文件结束标志 EOF 时停止操作。

定义文件指针变量之后，就可以对文件进行操作了。C 语言提供了大量的库函数来操作文件。文件操作步骤和对应的库函数如图 10-2 所示。

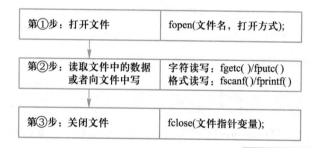

图 10-2
文件操作步骤和对应的库函数

10.2　文件的打开与关闭

任何一个文件在使用之前必须先打开，而使用之后必须关闭。库函数 fopen( ) 和 fclose( ) 分别用于文件的打开和关闭。

【例 10-2】 打开当前目录中的 test.dat 文件，判断并输出文件打开状态信息，然后关闭文件。

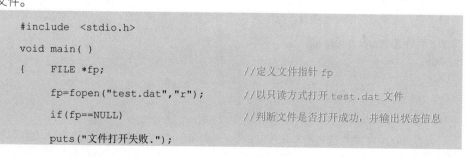

```
#include <stdio.h>
void main( )
{    FILE *fp;                       //定义文件指针 fp
     fp=fopen("test.dat","r");       //以只读方式打开 test.dat 文件
     if(fp==NULL)                    //判断文件是否打开成功，并输出状态信息
     puts("文件打开失败.");
```

```
    else
        printf("文件打开成功.");
    fclose(fp);            //关闭打开的文件
}
```

用本例来说明文件的打开和关闭操作过程。

第 1 步：定义一个文件指针 fp 备用，对应程序中 FILE *fp;语句。

第 2 步：利用 fopen()函数打开文件，对应程序中 fp=fopen("test.dat","r");语句。fopen() 函数有两个参数，第①个是要访问的文件名，第②个是文件打开的方式。两个参数均为字符串，所以用双撇引号" "引起。常用的文件打开方式见表 10-1。

表 10-1　文件打开方式及含义

打开方式	含 义	指定文件存在	指定文件不存在
"r"	以只读方式打开文本文件	正常打开	出错
"w"	以只写方式打开文本文件	清空文件内容后打开	建立新文件
"a"	以追加方式打开文本文件	打开，追加	建立新文件
"b"	用于打开二进制文件，和以上各项合并使用（如"rb"、"wb"、"ab"）		

如果成功打开文件，fopen( )函数返回值为文件信息区的起始地址，并赋值给文件指针变量 fp，否则返回值为空指针（NULL），由此可判断文件打开是否成功。

第 3 步：关闭文件，对应程序中 fclose(fp);语句。在使用完一个文件后应该关闭它，防止文件被误操作。"关闭"就是使文件指针变量不指向该文件，也就是文件指针变量与文件"脱钩"。fclose( )函数的返回值是一个整型数。当文件关闭成功时，返回 0，否则返回一个非零值。可以根据函数的返回值判断文件是否关闭成功。

【随堂练习 10-1】

1. 定义一个文件指针 fpin，指向以只读方式打开的文本文件 "d:\test\in.dat"。

2. 定义一个文件指针 fpout，指向以只写方式打开的文本文件 "d:\test\out.dat"。

10.3　文件的读写操作

文件读写操作，实质上是从文件中读出数据和向文件中写入数据，可以按照字符、字符串、格式化、数据块等方式进行读写操作。当对目标文件进行读操作时，从文件指针指向的地址开始读取数据；当对目标文件进行写操作时，向文件中写入数据的位置与文件的打开模式有关，如果是"w+"，则是从文件指针指向的地址开始写，替换掉之后的内容，文件的长度可以不变，文件指针的位置随着数据的写入而向后移动；如果是"a+"，则从文件的末尾开始添加，文件长度加大。

10.3.1　按字符读写文件

微课 56　按字符读写文件

1. 字符写函数 fputc( )

函数 fputc( )的功能是将字符写入文件中。函数 fputc( )操作成功时，返回写入文件字符

的 ASCII 码值，否则返回 EOF（文件结束标志，EOF 的值为-1，EOF 已在头文件 stdio.h 中
定义），表示写操作错误。

【例 10-3】

```
fputc('c',fp);   //将字符'c'写入 fp 指向的文件中
```

字符写函数 fputc()有两个参数：第 1 个是要写入文件的字符；第 2 个是指向目标文件的
指针。当正确写入一个字符或一个字节的数据后，目标文件内部写指针会自动后移一个字节
的位置。

源代码
【例 10-4】程序

【例 10-4】 从键盘输入一行字符，将输入的字符输出到 test.dat 文件中保存。

```
#include <stdio.h>
void main( )
{ char ch;
    FILE *fp;                 //定义文件指针
    fp=fopen("test.dat","w");  //打开文件
    while((ch=getchar())!='\n')  //循环输入字符
        fputc(ch,fp);          //将字符 ch 写入 fp 指向的文件
    fclose(fp);                //关闭文件
}
```

程序运行时输入：One world, One dream.，然后用"记事本"打开 test.dat 文件查看写入
的内容。

2. 字符读函数 fgetc( )

函数 fgetc( )的功能是从文件中读取一个字符。fgetc( )函数的返回值是返回所读取的一个字
符，如果读到文件末尾或者读取出错时返回 EOF。

【例 10-5】

```
fgetc(fp);   //从 fp 指向的文件中读取一个字符
```

字符读函数 fgetc( )只有一个参数，即指向目标文件的指针变量。

【例 10-6】 下面程序读取例 10-4 产生的 test.dat 文件，并将读出结果显示在屏幕上。

```
#include <stdio.h>
 void main( )
 { char ch;
    FILE *fp;                 //定义文件指针
    fp=fopen("test.dat","r");
    ch=fgetc(fp);
    while(ch!=EOF)            //判断是否访问到文件尾
    { putchar(ch);
```

源代码
【例 10-6】程序

```
        ch=fgetc(fp);              //fp 从文件中读取字符，并赋值给 ch
    }
    fclose(fp);                    //关闭文件
}
```

程序运行结果如图 10-3 所示。

图 10-3
程序运行结果

One world,One dream.

【课后练习 10-1】

利用 fputc( )和 fgetc( )函数将文件 test.dat 复制为 test.bak。

程序及运行结果如下：

源代码
【课后练习 10-1】
程序

```
#include <stdio.h>
#include <stdlib.h>
void main()
{   FILE *fpr, *fpw;               //分别指向源文件和目的文件
    char sfile[10],dfile[10];      //分别存放源文件和目的文件名
    char ch;
    int i=0;                       //复制字节计数器
    printf("请输入源文件名:");      //输入源文件名
    gets(sfile);
    fpr=fopen(sfile, "r");         //打开源文件
    if(fpr== NULL)
    { printf("打开源文件失败.\n");
        exit(0);                   //退出
    }
    printf("请输入目的文件名:");    //输入目的文件名
    gets(dfile);
    fpw=fopen(dfile, "w");         //打开目的文件
    if(fpw== NULL)
    {  printf("打开目标文件失败.\n");
        exit(0);
    }
    while(!feof(fpr))              //执行复制并计数
    { ch=fgetc(fpr);
      fputc(ch,fpw);
      i++;
```

```
    }
    printf("文件复制完成，共复制%d 个字节.\n",i);
    fclose(fpr);          //关闭文件
    fclose(fpw);
}
```

程序运行结果如图 10-4 所示。

图 10-4
程序运行结果

10.3.2 按字符串读写文件

微课 57 按字符
串读写文件

1. 字符串写函数 fputs( )

函数 fputs( )的功能是向目标文件写入一个字符串（不自动写入字符串结束标记符'\0'）。成功写入一个字符串后，文件的位置指针会自动后移，函数返回值为非负整数；否则返回 EOF（符号常量，其值为-1）。

【例 10-7】

```
fputs("I love China.",fp);  //将字符串"I love China."写入 fp 指向的文件中
```

字符写函数 fputs()有两个参数：第 1 个是要写入文件的字符串，可以是字符型指针，可以是字符串常量，也可以是存放字符串的数组首地址；第 2 个是指向目标文件的指针。

【例 10-8】 将字符数组中的字符串写入到 test.dat 文件中保存。

```
#include <stdio.h>
#include <stdlib.h>
void main()
{
  char str[80]="No pains No gains.";      //字符串常量存入字符数组
  FILE *fp;                               //定义文件指针 fp
  if((fp=fopen("test.dat", "w"))==NULL)   //打开文件写模式
  {   printf("打开文件失败.\n ");
      exit(0);
  }
  fputs(str,fp);                          //将字符串写入文件
  fclose(fp);
  return;
}
```

源代码
【例 10-8】程序

2. 字符串读函数 fgets( )

函数 fgets( )的功能是从通过文件指针从目标文件中读取一个字符串存入指定存储区中。

149

如果读取字符串读成功，返回所存入的存储区地址，如果失败则返回一个空指针 NULL。

【例 10-9】

```
char str[100];
fgets(str,n,fp);   //从 fp 指向的文件中读取 n-1 个字符存入数组 str 中
```

函数 fgets( )的有三个参数：第 1 个参数为读取的字符串要存入的存储区首地址 str；第 2 个参数指明存储数据的大小 n，第 3 个参数为指向目标文件的指针 fp。对于第 2 个参数 n，因为包括自动添加的字符串结束标志'\0'，所以实际上从文件中读取的字符串实际长度最多为 n-1。如果文件中的该行不足 n-1 个字符，则读完该行就结束。

源代码
【例 10-10】程序

【例 10-10】 从例 10-8 生成的文件 test.dat 中读取一个字符串。

```
#include <stdio.h>
#include <stdlib.h>
void main()
{
    char str[80];
    FILE *fp;                              //定义文件指针 fp
    if((fp=fopen("test.dat", "r"))==NULL)  //打开文件写模式
    {   printf("打开文件失败.\n ");
        exit(0);
    }
    fgets(str,9,fp);                       //从文件中读取字符串
    fclose(fp);
    puts(str);                             //输出读取结果
    return;
}
```

试分析，如果将语句 fgets(str,9,fp);改为 fgets(str,80,fp);，则读取结果是什么？

10.3.3 按格式化读写文件

1. 格式化写函数 fprintf( )

微课 58 按格式
化读写文件

函数 fprintf( )的功能是按照指定的格式把数据写入文件中。函数 fprintf( )操作成功时，函数的返回值为写入文件中的数据的字节个数，如果写错误，则返回一个负数。其中 fprintf( )函数中格式化控制方法与 printf( )函数基本相同，所不同的是 fprintf( )函数向目标文件中写入，而 printf( )函数向屏幕输出。

【例 10-11】

```
① fprintf(fp, "%d,%d",10,20);  //将 10 和 20 以整型数据写入 fp 指向的文件中
② fprintf(fp, "%lf",n);        //将变量 n 的值以双精度浮点型数据写入 fp 指向的文件中
```

③ fprintf(fp,"%s","How are you.");//将字符串"How are you."写入 fp 指向的文件中

格式化写入数据函数 fprintf( )有三个参数：第 1 个是指向目标文件的指针；第 2 个是写入数据的格式控制字符串；第 3 个是要写入目标文件的数据。

【例 10-12】 把从键盘输入的 10 个整数写入 test.dat 文件中保存。

```c
#include <stdio.h>
#include <stdlib.h>
void main()
{ FILE *fp;
  int n;
  fp=fopen("test.dat", "w");        //打开文件
  if(fp== NULL)
  { printf("打开文件失败.\n");
    exit(0);      //退出
  }
  for(int i=0;i<10;i++)
  { scanf("%d",&n);                 //输入一个整型数据
fprintf(fp,"%4d",n);              //将输入的 n 值写入文件
  }
  fclose(fp);
}
```

源代码
【例 10-12】程序

程序运行时输入 10 个整数：0 1 2 3 4 5 6 7 8 9，然后用"记事本"打开 test.dat 文件查看写入的内容。

2. 格式化读函数 fscanf( )

函数 fscanf( )的功能是从文件中按指定格式读取数据。函数 fscanf( )操作成功时，函数的返回为成功读取数据的个数，出错时则返回 EOF。其中 fscanf( ) 函数中格式化控制方法与 scanf( )函数相同，所不同的是 fscantf( )函数从目标文件中读取，而 scanf( )函数从键盘输入。

【例 10-13】

① fscanf(fp, "%d%d",&a,&b);//从 fp 指向的文件中读取两个整数存入变量 a 和 b 的内存单元

② fscanf(fp, "%lf",&n);//从 fp 指向的文件中读取一个 double 类型数据存入变量 n 的内存单元

③ fscanf(fp, "%s",str);//从 fp 指向的文件中读取一个字符串，存入 str 指向的内存空间

格式化读取数据函数 fscanf( )有三个参数：第 1 个是指向文件的指针；第 2 个是读取数

151

据的格式控制字符串；第 3 个是字符串存放的首地址。

【例 10-14】 从例 10-12 得到的 test.dat 文件中读取 10 个整数显示输出。

源代码
【例 10-14】程序

```c
#include <stdio.h>
#include <stdlib.h>
void main()
{  FILE *fp;
   int i,a[10];
   fp=fopen("test.dat", "r");        //打开文件
   if(fp== NULL)
   { printf("打开文件失败.\n");
      exit(0);                       //退出
   }
   for(i=0;i<10;i++)                 //从文件中读取整型数据
      fscanf(fp,"%d",&a[i]);
   printf("读取的数据为: \n");
   for(i=0;i<10;i++)
printf("%3d",a[i]);                  //显示输出数据
   fclose(fp);
}
```

程序运行结果如图 10-5 所示。

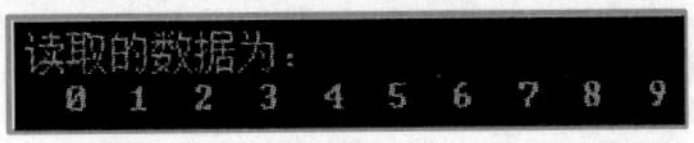

图 10-5
程序运行结果

```
读取的数据为：
  0 1 2 3 4 5 6 7 8 9
```

【课后练习 10-2】

从键盘输入表 10-2 中 3 个学生数据，写入文件 stu.dat 中，再从文件中读出这些数据显示在屏幕上。

表 10-2 学 生 数 据

学 号	姓 名	年 龄	住 址
1601	王帅	18	凤凰御景小区
1602	李想	17	御龙翰府小区
1603	张扬	19	文轩名苑小区

程序及运行结果如下：

源代码
【课后练习 10-2】
程序

```c
#include <stdio.h>
#include <stdlib.h>
#define SIZE 3


typedef  struct        //说明结构类型
{ int num;
```

```
    char name[10];

    int age;

    char addr[20];

} STUDENT;


STUDENT  s[SIZE];        //定义结构变量存储学生信息


void in_write()          //自定义函数：输入学生信息并写入文件 stu.dat 中
{ FILE *fp;

  int i;

  if((fp=fopen("stu.dat", "w"))==NULL)    //打开文件
  { printf("打开文件失败.\n");

    exit(0);             //退出
  }

  for(i=0;i< SIZE;i++)  //输入学生信息并写入文件
  { scanf("%d%s%d%s",&s[i].num,s[i].name,&s[i].age,s[i].addr);

    fprintf(fp,"%d %s %d %s\n",s[i].num,s[i].name, s[i].age,s[i].addr);
  }

  fclose(fp);

}
void read_out()          //自定义函数：从文件 stu.dat 中读取学生信息并显示
{ FILE *fp;

  int i;

  if((fp=fopen("stu.dat", "r"))==NULL)    //打开文件
  { printf("打开文件失败.\n");

    exit(0);                              //退出
  }

  for(i=0;i< SIZE;i++)                    //从文件读取学生信息并显示输出
  { fscanf(fp,"%d%s%d%s",&s[i].num,s[i].name,&s[i].age,s[i].addr);

    printf("%d %s %d %s\n",s[i].num,s[i].name,s[i].age,s[i].addr);
  }

  fclose(fp);

}

void main( )
```

153

```
{  printf("\n 请输入学生信息:\n");
   printf("学号 姓名 年龄 住址\n");
   in_write();
   printf("\n 文件中的学生信息为:\n");
   printf("学号 姓名 年龄 住址\n");
   read_out();
}
```

程序运行结果如图 10-6 所示。

图 10-6
程序运行结果

*10.3.4 按数据块读写文件

微课 59 按数据
块读写文件

1. 数据块写函数 fwrite( )

函数 fwrite( )的功能是把数据块（多个数据）写入目标文件中。函数 fwrite( )操作成功时，函数的返回值为实际写入的数据项的个数，如果操作失败，返回值 0。

【例 10-15】

```
int  s[10]={1,2,3,4,5,6,7,8,9,0};
fwrite(s,sizeof(int),10,fp);//将地址 s 开始的 10 个 sizeof(int)字节大小的数写入
fp 所指的文件中
```

数据块写函数 fwrite( )有四个参数：第 1 个是数据块存放的起始地址；第 2 个是数据块中每个数据的字节数；第 3 个是数据块中数据的个数；第 4 个是指向目标文件的指针。该函数以二进制形式对文件进行操作，而不局限于文本文件。

【例 10-16】 把数组 a 中的 10 个整数以二进制形式写入文件 test.dat 中。

源代码
【例 10-16】程序

```
#include <stdio.h>
void main( )
{  FILE *fp;
   int a[10]={1,2,3,4,5,6,7,8,9,0};
   fp=fopen("test.dat", "wb");        //写方式打开文件
   fwrite(a, sizeof(int), 10, fp);  //将数组 a 中的 10 个数写入文件 test.dat 中
   fclose(fp);
}
```

2. 数据块读函数 fread( )

函数 fread( )的功能是从目标文件中读取数据块（多个数据）。函数 fread( )操作成功时，函数的返回值为实际读取到的数据项个数，如果不成功或读到文件末尾返回 0。

【例 10-17】

```
int  a[10];
fread(a,sizeof(int),10,fp);//从 fp 所指的文件中读取 10 个 sizeof(int)字节大小的
数据存入数组 a
```

数据块读函数 fread( )有四个参数：第 1 个是要存放数据块的起始地址；第 2 个是每个数据的字节数；第 3 个是数据块中数据的数量；第 4 个是指向目标文件的指针。

【例 10-18】 从例 10-16 所生成的文件 test.dat 中读 10 个整型数据，存放到数组 b 中。

```
#include <stdio.h>
void main( )
{    FILE *fp;
    int b[10];
    fp=fopen("test.dat", "rb");        //只读方式打开文件
    fread(b, sizeof(int), 10, fp);    //读取 10 个数存入数组 b
    fclose(fp);
    printf("数组 b 中的数据为: ");
    for( int i=0;i<10;i++)
            printf("%d\t",b[i]);
}
```

源代码
【例 10-18】程序

【课后练习 10-3】

使用数据块读写文件函数完成【课后练习 10-2】。

*10.4 文件检测和定位函数

*10.4.1 文件检测函数

1. 文件结束检测函数 feof( )

函数 feof( )用于检测文件位置指示器是否到达了文件结尾，若是则返回一个非 0 值，否则返回 0。这个函数对二进制文件操作特别有用，因为二进制文件中，文件结尾标志 EOF 也是一个合法的二进制数，只根据简单的检查读入字符的值来判断文件是否结束是不行的。如果那样的话，可能会造成文件未结束而被认为结尾，所以就必须有 feof( )函数。feof 函数既可用以判断二进制文件又可用以判断文本文件。

下面的这条语句是常用的判断文件是否结束的方法。

```
while(!feof(fp))  ch=fgetc(fp);
```

该语句的含义是只要文件指针 fp 没有到文件尾，就读取一个字符并存到字符变量 ch 中。

【随堂练习 10-2】

将例 10-6 中 "判断是否访问到文件尾" 改用 feof( )实现。

2. 读写文件出错检测函数 ferror( )

函数 ferror()用于检查文件在用各种输入输出函数进行读写操作时是否出错。如果操作未出错，则返回值为 0；如果操作出错，则返回一个非 0 值。

3. 文件出错标志和文件结束标志置 0 函数 clearerr( )

函数 clearerr( )的功能是使文件错误标志和文件结束标志复位为 0。假设在调用一个文件输入输出函数时出现了错误，ferror 函数值为一个非 0 值。在调用 clearerr(fp)后，ferror(fp) 的值变为 0。只要出现错误标志，就一直保留，直到对同一文件调用 clearerr 函数或 rewind 函数，或任何一个文件输入输出函数。

【例 10-19】 使用 ferror( )和 clearerr( )函数改进例 10-18 中的程序。

源代码
【例 10-19】程序

```c
#include <stdio.h>
void main( )
{   FILE *fp;
    int b[10];
    fp=fopen("test.dat", "rb");        //只读方式打开文件
    fread(b, sizeof(int), 10, fp);     //读取 10 个数存入数组 b
    if(ferror(fp)!=0)                  //检查文件读操作是否出错
    { printf("从文件 test.dat 中读取数据出错。\n");
      clearerr(fp);                    //使文件错误标志复位
    }
    else
    { printf("数组 b 中的数据为：");
      for(int i=0;i<10;i++)
          printf("%d\t",b[i]);
    }
    fclose(fp);
}
```

*10.4.2 文件定位函数

1. fseek( )函数

fseek( )函数主要用于设置文件指针的位置。

微课 60 文件定位函数

【例 10-20】

```
① fseek(fp,100L,0);    //把文件指针移动到离文件开头 100 字节处
② fseek(fp,100L,1);    //把文件指针移动到离文件当前位置 100 字节处
```

③ `fseek(fp,-100L,2);` //把文件指针退回到离文件结尾100字节处

fseek( )函数有三个参数：第 1 个参数为文件指针；第 2 个参数为偏移量，用长整型表示，正数表示正向偏移，负数表示负向偏移；第 3 个参数为设定从文件的哪里开始偏移、可能取值见表 10-3。

表 10-3　指定文件位置定义表

符 号 常 量	数　值	含　义
SEEK_SET	0	文件开头
SEEK_CUR	1	当前位置
SEEK_END	2	文件末尾

可以看出例 10-20 中文件指针移动的基准位置文件开头、当前位置和文件末尾既可以用 0、1、2 表示，也可以用符号常量 SEEK_SET、SEEK_CUR、SEEK_END 表示。

fseek( )函数如果执行成功，函数返回 0；如果执行失败，则不改变文件指针指向的位置，函数返回一个非 0 值。另外，正向偏移如果超出文件末尾位置，还是返回 0，而负向偏移超出首位置，则返回-1。fseek( )函数一般用于对二进制文件进行操作。当 fseek( )函数返回 0 时表明操作成功，返回非 0 表示失败。

2. ftell( )函数

ftell( )函数用于得到文件位置指针当前位置相对于文件首的偏移字节数。返回的数为长整型数，当返回值为-1 时，表明出现错误。

在实际应用中，利用函数 ftell() 能方便地知道一个文件的长度。如以下语句序列：

```
fseek(fp, 0L,SEEK_END);
len =ftell(fp);
```

首先将文件的当前位置移到文件的末尾，然后调用函数 ftell()获得当前位置相对于文件首的位移，该位移值等于文件所含字节数，也就知道了文件的长度。

【随堂练习 10-3】

利用上述方法获得计算机中任意一个文件的长度。

3. 文件复位函数 rewind( )函数

函数 rewind( )用于把文件位置指针移到文件的起点处，成功时返回 0，否则，返回非 0 值。若有文件位置指针 fp，则 rewind(fp);的作用等同于 fseek(fp,0L,SEEK_SET);。

🔊　单元总结

在本单元中，如何打开文件、如何读写文件以及如何关闭文件是核心内容。通过本单元的学习，应知道：

1. C 语言对文件的操作是通过文件指针实现的，文件指针是系统定义好的结构类型，名称为_____，该类型已在头文件 stdio.h 中定义，对文件进行操作时，用该类型直接定

义文件指针变量即可。定义形式为_____。

2．在头文件 stdio.h 中定义了一个符号常量用以标识文件末尾，该符号常量是_____。

3．对文件的操作过程及相应的文件操作函数为：

第 1 步：_____，相应的函数为_____。

第 2 步：_____，相应的函数为_____等。

第 3 步：_____，相应的函数为_____。

4．归纳文件读写操作函数的函数原型：

① 按字符写文件函数：_____。

② 按字符读文件函数：_____。

③ 按字符串写文件函数：_____。

④ 按字符串读文件函数：_____。

⑤ 按数据块写文件函数：_____。

⑥ 按数据块读文件函数：_____。

除了文件读写操作函数外，还有文件结束标志 EOF 检测函数 feof()、读写文件出错检测函数 ferror( )、文件出错标志和文件结束标志置 0 函数 clearerr( )，以及文件位置指针移动函数 fseek()、获取文件指针当前位置函数 ftell( )、文件指针复位函数 rewind()等。

通过本单元的学习，应理解文件指针 FILE 的含义，重点掌握利用文件指针操作文件的方法，以及文件操作函数的使用方法。

66 知识拓展

云计算与大数据

近几年，云计算的概念受到学术界、IT 界、商界，甚至政府部门的热捧，一时间云计算无处不在，这真让同时代的其他 IT 技术相形见绌，无地自容。

那么什么是"云计算"？本质上云计算作为信息技术应用的新阶段，是信息技术应用模式和服务模式创新的集中体现。云计算（Cloud Computing）是基于互联网的相关服务的增加、使用和交付模式，通常涉及通过互联网来提供动态易扩展且经常是虚拟化的资源。对云的主流理解大多建立在"软件即服务、平台即服务、基础设施即服务"这三个层次上，云计算的创新之处在于将软件、硬件、存储空间、网络带宽等各类 IT 资源转化为服务，使用户的各种需求能够被更好地满足，像人们今天用水、电、煤气一样。实际上云是网络、互联网的一种比喻说法。过去在图中往往用云来表示电信网，后来也用来表示互联网和底层基础设施的抽象。因此，云计算甚至可以让用户体验每秒 10 万亿次的运算能力，拥有这么强大的计算能力可以模拟核爆炸、预测气候变化和商品市场发展趋势。用户通过计算机、手机等方式接入数据中心，按自己的需求进行运算。

当云计算被炒得火热之时，另一个名词也随之扑面而来，那就是"大数据"（Big Data）。大家对于大数据的感受应该是实实在在的，最典型感觉是数据增加速度之快。数据产生方式现在已经被极大地改变，以前数据的生产都是由专业团体、专业人士，或者是专业公司完成，而现在数据产生更多是个体行为、是个人，每个人都可以使用自己所采集的终端来产生大量的数据。有数据甚至显示，在不远的将来，人们在 3 分钟内上传到网络上的视频，如果 1 个人不眠不休的花时间把它看完的话，将耗去 34 年的时间。伴随着 IT 时代的到来，人们积累了海量的数据，这些数据不断急剧增加，给信息产业带来了巨大的变化：一方面，在过去没有数据积累的时代无法实现的应用现在终于可以实现了；另一方面，从数据匮乏时代到数据泛滥时代的转变，给数据的应用带来新的挑战和困扰，简单地通过搜索引擎获取数据的方式已经不能满足人们千变万化、层出不穷的应用需求，如何从海量数据中高效地获取数据，有效地挖掘数据并最终得到感兴趣的数据变得异常困难。大数据时代已经到来，很多人已经身处其中。

云计算和大数据是 IT 新时代的两个王者，那么它们到底是什么关系？

本质上，云计算与大数据的关系是静与动的关系。云计算关注的是计算，这是动的概念；大数据则是计算的对象，是静的概念。结合实际应用来说，云计算强调的是计算能力，而大数据看重的是存储能力。其实大数据的战略意义并不在于储存了多么庞大的数据，而在于是否能够挖掘数据意义，并对数据进行专业化处理。云计算则是由易于使用的虚拟资源构成的一个巨大资源池，包括硬件资源、部署平台以及相应的服务。根据不同的负载，这些资源可以动态地重新配置，以达到一个最理想的资源使用状态。所以云计算关注的是 IT 的基础架构与计算能力。从这个意义上来讲，没有大数据的信息积淀，则云计算的计算能力再强大，也难以找到用武之地；没有云计算的处理能力，则大数据的信息积淀再丰富，也终究只是镜花水月。亚马逊云计算 AWS 首席数据科学家 Matt Wood 这样来形容云计算和大数据的关系：大数据和云计算是天作之合，云计算平台的海量低成本的数据存储与处理资源为大数据分享提供了可能。

正所谓"蓝蓝的天上白云飘，白云下面数据跑"。云计算已成为了当今 IT 领域中一个不可或缺的元素，成为各大 IT 巨头竞相角逐的必争之地。与此同时，人们对大数据的重视度也愈发高涨。这是一个大数据、云计算的时代，这也必将是一个逐步彻底改变人们生活的时代。

附录

附录 A　C 语言常用库函数

库函数并不是 C 语言的一部分，它是由编译系统根据一般用户的需要编制并提供给用户使用的一组程序。不同的编译系统所提供的库函数的数目和函数名以及函数功能不是完全相同的。本附录仅列出一些常用库函数。

1. 输入输出函数

在调用输入输出函数时，要在源文件中包含头文件 stdio.h。

函 数 名	函 数 原 型	功　能	返 回 值
clearerr	void clearerr(FILE *fp);	清除与文件指针 fp 有关的所有出错信息	无
fopen	FILE *fopen(char *filename, char *mode);	以 mode 指定的方式打开名为 filename 的文件	成功则返回文件指针（文件信息区的起始地址），否则返回 NULL
fclose	int fclose(FILE *fp);	关闭 fp 所指的文件，释放文件缓冲区	出错返回非 0，否则返回 0
feof	int feof(FILE *fp);	检查文件是否结束	遇文件结束返回非 0，否则返回 0
fgetc	int fgetc(FILE *fp);	从 fp 所指的文件中取得下一个字符	出错返回 EOF，否则返回所读字符
fputc	int fputc(char ch,FILE *fp);	将字符 ch 输出到 fp 所指文件中	成功返回该字符，否则返回 EOF
fgets	char *fgets(char *buf,int n, FILE *fp);	从 fp 所指的文件中读取一个长度为 $n-1$ 的字符串，将其存入起始地址为 buf 的空间	返回地址 buf，若遇文件结束或出错则返回 NULL
fputs	int fputs(char *str,FILE *fp);	把 str 所指字符串输出到 fp 所指文件中	成功则返回 0，否则返回非 0
fscanf	int fscanf(FILE *fp,char format,args,…);	从 fp 所指定的文件中按 format 指定的格式把输入数据存入到 args，…所指内存区（args，…是指针）	已输入的数据个数
fprintf	int fprintf(FILE *fp,char *format,args,…);	把 args，…的值以 format 指定的格式输出到 fp 所指定的文件中	实际输出的字符数

160

函 数 名	函 数 原 型	功　　能	返 回 值
fread	int fread(char *pt,unsigned size, unsigned n,FILE *fp);	从 fp 所指文件中读取长度为 size 的 n 个数据项,存到 pt 所指内存区	返回所读的数据项个数,若遇文件结束或出错则返回 0
fwrite	int fwrite(char *ptr,unsigned size,unsigned n,FILE *fp);	把 ptr 所指向的 n*sizeB 输出到 fp 所指向的文件中	输出的数据项个数
fseek	int fseed(FILE *fp,long offset,int fromwhere);	将 fp 所指向的文件的位置指针移到以 fromwhere 所指出的位置为基准,以 offset 为位移量的位置	成功则返回当前位置,否则返回-1
ftell	long ftell(FILE *fp);	求出 fp 所指文件当前的读写位置	返回当前读写位置,若出错则返回-1
getchar	int getchar(void);	从标准输入设备读取下一个字符	返回所读字符,若出错则返回-1
putchar	int putchar(char ch);	把字符 ch 输出到标准输出设备	返回输出的字符 ch,若出错则返回 EOF
scanf	int scanf(char *format,args,…);	从标准输入设备按 format 指定的格式输入数据给 args 所指向的单元	读入并赋给 args 的数据个数,若出错则返回 0(args 为指针)
printf	int printf(char *format,args,…);	将输出表列 args 的值输出到标准输出设备	输出字符的个数,若出错则返回负数
getc	int getc(FILE *fp);	从 fp 所指文件中读取一个字符	返回所读字符,若出错或文件结束则返回 EOF
putc	int putc(int ch,FILE *fp);	把一个字符 ch 输出到 fp 所指的文件中	返回输出的字符 ch,若出错则返回 EOF
gets	char *gets(char *str)	从标准输入设备读取一个字符串,以回车符结束读取	返回与参数 str 相同的指针;读入过程中遇到 EOF 或发生错误,则返回 NULL 指针
puts	int puts(char *str);	把 str 指向的字符串输出到标准输出设备,将'\0'转换为回车换行	返回换行符,若失败则返回 EOF
rename	int rename(char *oldname,char *newname);	把由 oldname 所指的文件名改为由 newname 所指的文件名	返回 0,若出错则返回-1
rewind	void rewind(FILE *fp);	将 fp 指示的文件中的位置指针置于文件开头位置,并清除文件结束标志和错误标志	无

2. 数学函数

在调用数学函数时,要在源文件中包含头文件 math.h。

函 数 名	函 数 原 型	功　　能	返 回 值
acos	double acos(double x);	计算 $\sin^{-1}(x)$的值(x 应在-1 到+1 范围内)	计算结果
asin	double asin(double x);	计算 $\cos^{-1}(x)$的值 (x 应在-1 到+1 范围内)	计算结果
atan	double atan(double x);	计算 $\tan^{-1}(x)$的值	计算结果

161

函数名	函 数 原 型	功 能	返 回 值
atan2	double atan2(double x,double y);	计算 $\tan^{-1}(x/y)$ 的值	计算结果
cos	double cos(double x);	计算 $\cos(x)$ 的值（x 的单位为 rad）	计算结果
exp	double exp(double x);	求 e^x 的值	计算结果
fabs	double fabs(double x);	求 x 的绝对值	计算结果
floor	double floor(double x);	求出不大于 x 的最大整数	该整数的双精度实数
fmod	double fmod(double x,double y);	求整数 x/y 的余数	返回余数的双精度数
log	double log(double x);	求 $\log_e x$，即 $\ln x$	计算结果
log10	double log10(double x);	求 $\log_{10} x$	计算结果
pow	double pow(double x,double y);	计算 x^y 的值	计算结果
sin	double sin(double x);	计算 $\sin(x)$ 的值	计算结果
sqrt	double sqrt(double x);	计算 $\sqrt{x}$ 的值（$x \geq 0$）	计算结果
tan	double tan(double x);	计算 $\tan(x)$ 的值	计算结果

3. 字符函数

字符函数包括字符判断函数和字符处理函数，字符判断函数主要对字符属于哪一类别进行判断，字符处理函数主要对字符进行转换等处理操作，在调用字符函数时，要在源文件中包含头文件 ctype.h。

函数名	函 数 原 型	功 能	返 回 值
isalnum	int isalnum(int ch);	检查 ch 是否是字母或数字	是字母或数字则返回 1，否则返回 0
isalpha	int isalpha(int ch);	检查 ch 是否是字母	是则返回 1，否则返回 0
iscntrl	int iscntrl(int ch);	检查 ch 是否是控制字符（其 ASCII 码在 0 和 0x1F 之间）	是则返回 1，否则返回 0
isdight	int isdigit(int ch);	检查 ch 是否是数字	是则返回 1，否则返回 0
isgraph	int isgraph(int ch);	检查 ch 是否可打印字符（不包括空格），其 ASCII 码在 0x21 到 0x7E 之间	是则返回 1，否则返回 0
islower	int islower(int ch);	检查 ch 是否为小写字母	是则返回 1，否则返回 0
isprint	int isprint(int ch);	检查 ch 是否可打印字符（包括空格），其 ASCII 码在 0x20 到 0x7E 之间	是则返回 1，否则返回 0
ispunct	int ispunct(int ch);	检查 ch 是否为标点字符（不包括空格），即除字母、数字和空格以外的所有可打印字符	是则返回 1，否则返回 0
isspace	int isspace(int ch);	检查 ch 是否为空格、制表符或换行符	是则返回 1，否则返回 0
isupper	int isupper(int ch);	检查 ch 是否大写字母	是则返回 1，否则返回 0
isxdigit	int isxdigit(int ch);	检查 ch 是否为十六进制数字字符	是则返回 1，否则返回 0
tolower	int tolower(int ch);	将 ch 字符转换为小写字母	返回 ch 所代表的字符的小写字母
toupper	int toupper(int ch);	将 ch 字符转换为大写字母	返回 ch 所代表的字符的大写字母

4. 字符串函数

在对字符串进行连接、比较、复制、查找等操作时，可以利用 C 语言所提供的字符串函数实现，在调用字符串函数时，要在源文件中包含头文件 string.h。

函数名	函数原型	功能	返回值
strcat	char *strcat(char *str1, char *str2);	把字符串 str2 接到 str1 后面，str1 最后面的'\0'被取消	str1
strchr	char *strchr(char *str, int ch);	找出 str 指向的字符串中第一次出现字符 ch 的位置	返回指向该位置的指针，如找不到，则返回空指针
strcmp	int strcmp(char *str1, char *str2);	比较两个字符串 str1 和 str2	str1>str2，返回正数 str1=str2，返回 0 str1<str2，返回负数
strcpy	char *strcpy(char *str1, char *str2);	把 str2 指向的字符串复制到 str1 中去	返回 str1
strlen	unsigned int strlen (char *str);	统计字符串 str 中字符的个数（不含'\0'）	返回字符个数
strstr	char *strstr(char *str1, char *str2);	找出 str2 字符串在 str1 字符串中第一次出现的位置	返回该位置的指针，如果找不到，返回空指针
strlwr	char *strlwr(char *str);	将字符串 str 中的大写字母转换为小写字母（不是标准 C 库函数，只能在 VC 中使用）	只转换 str 中出现的大写字母，不改变其他字符，返回指向 str 的指针
strupr	char *strupr(char *str);	将字符串 str 中的小写字母转换为大写字母（不是标准 C 库函数，只能在 VC 中使用）	只转换 str 中出现的小写字母，不改变其他字符，返回指向 st 的指针

5. 动态存储分配函数和随机函数

在调用动态存储分配函数和随机函数时，要在源文件中包含头文件 stdlib.h。

函数名	函数原型	功能	返回值
calloc	void *caloc(unsigned n, unsigned size);	分配 n 个数据项的内存连续空间，每个数据项的大小为 size	分配内存单元的起始地址，如果不成功，则返回 0
free	void free(void *p);	释放 p 所指的内存区	无
malloc	void *malloc (unsigned size);	分配 sizeB 的存储空间	分配内存空间的起始地址，如果不成功，则返回 0
realloc	void *realloc(void *p, unsigned size);	把 p 所指内存区的大小改为 sizeB	返回指向该内存区的地址，如果不成功，则返回 0
rand	int rand(void);	从 srand (seed)中指定的 seed 开始，返回一个[seed, RAND_MAX (0x7fff))间的随机整数	返回一个随机整数
srand	void srand(unsigned seed) ;	参数 seed 是 rand( )的种子，用来初始化 rand( )的起始值	无

6. 时间函数

在调用时间函数时，要求在源文件中包含头文件 time.h。

函数名	函数原型	功能	返回值
clock	clock_t clock(void);	确定所用的处理器时间。函数 clock 返回从程序运行开始所用的处理器时间的最佳近似值，仅与程序启动有关	如果成功，返回从程序开始运行经过的时间；否则（系统没有内部时钟）返回-1
time	time_t time(time_t *tp);	获取系统时间	time_t 类型的当前日历时间的最佳近似值，如果日历不能被表达，返回-1

附录 B　C 语言中的关键字

1. 数据类型关键字（12 个）

① char：声明字符型变量或函数。

② double：声明双精度浮点型变量或函数。

③ enum：声明枚举类型变量。

④ float：声明单精度浮点型变量或函数。

⑤ int：声明整型变量或函数。

⑥ long：声明长整型变量或函数。

⑦ short：声明短整型变量或函数。

⑧ signed：声明有符号类型变量或函数。

⑨ struct：声明结构类型变量或函数。

⑩ union：声明共用体（联合）数据类型。

⑪ unsigned：声明无符号类型变量或函数。

⑫ void：声明函数无返回值或无参数。

2. 控制语句关键字（12 个）

（1）循环语句

① for：循环语句的一种。

② do：循环语句的循环体（与 while 连用）。

③ while：循环语句的循环条件。

④ break：提前结束循环。

⑤ continue：结束当前循环，开始下一轮循环。

（2）条件选择语句

① if：条件语句。

② else：条件语句否定分支（与 if 连用）。

③ goto：无条件跳转语句。

④ switch：多分支选择语句。

⑤ case：多分支选择语句中的分支。

⑥ break：结束 switch 结构。

⑦ default：switch 语句默认分支，switch 语句中所有 case 都不成立时执行。

（3）函数返回语句

return：子函数返回语句（可以带参数，也可不带参数），在函数调用中将被调用函数中的一个确定值带回主调函数中。

3. 存储类型关键字（4 个）

① auto：声明自动变量，属于动态存储类别，可以省略。

② extern：声明变量时，在类型前加上 extern 表示为外部变量； 定义函数时，如果加上 extern，表示此函数为外部函数。在定义函数时省略 extern，则默认为外部函数。

③ register ：声明寄存器变量。

④ static：声明变量类型时，在类型前加上 static，表示为静态存储类型；定义函数时，如果冠上关键字 static，表示此函数为内部函数，也称为静态函数。

4. 其他关键字（4 个）

① const：声明只读变量，相当于让变量变成无法修改的常量。

② sizeof：计算数据类型长度。

③ typedef：用来给数据类型取别名，即定义新的类型名来代替已有的类型名。

④ volatile：说明变量在程序执行中可被隐含地改变。

附录 C　常用字符与 ASCII 码对照表

信息在计算机上是用二进制表示的，这种表示法让人理解很困难。因此计算机上都配有输入和输出设备，这些设备的主要目的就是，以一种人类可阅读的形式将信息在这些设备上显示出来供人们阅读理解。为保证人和设备、设备和计算机之间能进行正确的信息交换，人们编制的统一的信息交换代码，这就是 ASCII 码表，其全称是美国信息交换标准代码。

ASCII 值	字符	ASCII 值	字符	ASCII 值	字符	ASCII 值	字符	ASCII 值	字符	ASCII 值	字符
0	(null)	22	▬	44	,	66	B	88	X	110	n
1	☺	23	↕	45	-	67	C	89	Y	111	o
2	☻	24	↑	46	.	68	D	90	Z	112	p
3	♥	25	↓	47	/	69	E	91	[	113	q
4	♦	26	→	48	0	70	F	92	\	114	r
5	♣	27	←	49	1	71	G	93	]	115	s
6	♠	28	∟	50	2	72	H	94	^	116	t
7	▪	29	↔	51	3	73	I	95	—	117	u
8	▫	30	▲	52	4	74	J	96	、	118	v
9	tab	31	▼	53	5	75	K	97	a	119	w
10	line feed	32	(space)	54	6	76	L	98	b	120	x
11	♂	33	!	55	7	77	M	99	c	121	y
12	♀	34	"	56	8	78	N	100	d	122	z
13	♪	35	#	57	9	79	O	101	e	123	{
14	♫	36	$	58	:	80	P	102	f	124	|
15	☼	37	%	59	;	81	Q	103	g	125	}
16	►	38	&	60	<	82	R	104	h	126	~
17	◄	39	'	61	=	83	X	105	i	127	DEL
18	↕	40	(	62	>	84	T	106	j		
19	‼	41	)	63	?	85	U	107	k		
20	¶	42	*	64	@	86	V	108	l		
21	§	43	+	65	A	87	W	109	m		

附录 D　C 语言运算符的优先级及其结合性

优先级	运 算 符	结 合 性
1	()(小括号) [](数组下标运算符) .(结构体成员运算符) ->(指向结构体成员的运算符)	自左至右
2	!(逻辑非运算符) ~(按位取反运算符) -(负号运算符) ++(自增运算符) --(自减运算符) &(地址与运算符) *(指针运算符) sizeof(长度运算符) (类型)(类型转换运算符)	自右至左
3	*(乘法运算符)、/(除法运算符)、%(取模运算符)	自左至右
4	+(加法运算符)、-(减法运算符)	
5	<<(按位左移运算符)、>>(按位右移运算符)	
6	<(小于)、<=(小于等于)、>(大于)、>=(大于等于)	
7	==(等于运算符)、!=(不等于运算符)	
8	&(按位与运算符)	
9	^(按位异或运算符)	
10	|(按位或运算符)	
11	&&(逻辑与运算符)	
12	||(逻辑或运算符)	
13	?:(条件运算符)	自右至左
14	=、+=、-=、*=、/=、%=、^=、|=、&=、>>=、<<= (赋值运算符)	
15	,(逗号运算符)	自左至右

说明:

① 同一优先级的运算符优先级别相同,运算次序由结合方向决定。

② 不同的运算符要求运算对象个数不同。

附录 E　常用英文词汇及程序调试常见错误信息

1. 常用英文词汇

allocation	分配	edit	编辑	parameter	参数
argument	参数	error	出错	pointer	指针
array	数组	expression	表达式	redefinition	重定义
automatic	自动	function	函数	statement	语句
call	调用	identifiers	合法标识符	string	字符串
character	字符	illegal	非法的	symbol	符号
compile	编译	initialization	初始化	syntax	语法
constant	常量	invalid	无效的	type	类型
debug	调试	link	连接	undeclared	未声明的
declaration	说明、声明	misplaced	不匹配的	undefined	未定义的
definition	定义	missing	丢失	unexpected	不期望的、意外的

2. 常见错误信息

C 语言程序错误分为致命错误、一般错误和警告共 3 种类型。其中，致命错误很罕见，通常是编译程序内部发生错误；一般错误指程序的语法错误，磁盘或存储器存取错误，命令行错误等，编译时遇到这类错误就停止编译，改正后重新编译；警告则只是指出一些不很严重的情况，它并不防碍编译进行。

下面将字母顺序给出 A～Z 列出常见错误，警告信息，供读者参考。

（1）Argument list syntax error—参数表语法错误
（2）Array bounds missing —丢失数组的界限符
（3）Array size too large—数组尺寸太大
（4）Bad character in parameters—参数中有不适当的字符
（5）Bad file name format in include directive—包含命令中文件名格式不正确
（6）Call of non-function—调用未定义的函数
（7）Call to function with no prototype—调用函数时没有函数的说明
（8）Cannot modify a const object—不允许修改常量对象
（9）Case outside of switch—漏掉了 case 语句
（10）Case syntax error—Case 语法错误
（11）Compound statement missing {—分程序漏掉"{"
（12）Conflicting type modifiers—不明确的类型说明符
（13）Constant expression required—要求常量表达式
（14）Constant out of range in comparison—在比较中常量超出范围
（15）Could not find file 'xxx'—找不到×××文件
（16）Declaration missing ;—说明缺少";"
（17）Declaration syntax error—说明中出现语法错误
（18）Default outside of switch—Default 出现在 switch 语句之外
（19）Define directive needs an identifier—定义编译预处理需要标识符
（20）Division by zero—用零作除数
（21）Do statement must have while—Do-while 语句中缺少 while 部分
（22）Error directive :xxx—错误的预处理命令
（23）Error writing output file—写输出文件错误
（24）Expression syntax error—表达式语法错误
（25）File name too long—文件名太长
（26）Function call missing)—函数调用缺少右括号
（27）Function definition out of place—函数定义位置错误
（28）Function should return a value—函数必须返回一个值
（29）Illegal character 'x'—非法字符 x
（30）Illegal initialization—非法的初始化

（31）Illegal octal digit—非法的 8 进制数字

（32）Illegal pointer subtraction—非法的指针相减

（33）Illegal structure operation—非法的结构操作

（34）Illegal use of floating point—非法的浮点运算

（35）Illegal use of pointer—指针使用非法

（36）Improper use of a typedef symbol—未定义义符号使用不恰当

（37）In-line assembly not allowed—不允许使用行内汇编

（38）Incompatible storage class—存储类别不相容

（39）Incompatible type conversion—不相容的类型转换

（40）Incorrect number format—错误的数据格式

（41）Incorrect use of default—Default 使用不当

（42）Invalid indirection—不然的间接运算

（43）Invalid pointer addition—指针相加无效

（44）Irreducible expression tree—不可执行的表达式运算树

（45）L value required—需要逻辑值 0 或非 0 值

（46）Macro argument syntax error—宏参数语法错误

（47）Mismatched number of parameters in definition—定义中参数个数不匹配

（48）Misplaced break—此处不应出现 break 语句

（49）Misplaced continue—此处不应出现 continue 语句

（50）Misplaced decimal point—此处不应出现十进制小数点

（51）Misplaced else—此处不应出现 else

（52）Misplaced else directive—此处不应出现编译预处理命令 else

（53）Misplaced endif directive—此处不应出现编译预处理命令 endif

（54）No declaration for function 'xxx'—没有函数 xxx 的说明

（55）No type information—没有类型信息

（56）Non-portable pointer assignment—不可移动的指针赋值（地址常数）赋值

（57）Non-portable pointer comparison—不可移动的指针比较（地址常数）比较

（58）Non-portable pointer conversion—不可移动的指针转换（地址常数）转换

（59）Not a valid expression format type—不合法的表达式格式

（60）Not an allowed type—不允许使用的类型

（61）Numeric constant too large—数值常量太大

（62）Out of memory—内存不够用

（63）Parameter 'xxx' is never used—参数 xxx 没有用到

（64）Pointer required on left side of -> ——符号 -> 的左边必须是地址指针

（65）Possible use of 'xxx' before definition—在定义之前就使用了 xxx（警告）

附录

（66）Possibly incorrect assignment—赋值可能不正确

（67）Redeclaration of 'xxx'—重复定义了 xxx

（68）Redefinition of 'xxx' is not identical—xxx 的两次定义不完全一致

（69）Register allocation failure—寄存器分配失败

（70）Repeat count needs an l value—重复计数需要整数值

（71）Size of structure or array not known—结构体或数组的大小不确定

（72）Statement missing ;—语句后缺少 ";"

（73）Structure or union syntax error—结构体或联合体语法错误

（74）Structure size too large—结构体尺寸过大

（75）Sub scripting missing]—下标缺少方括号

（76）Superfluous & with function or array—图数或数组中有多余的"&"

（77）Suspicious pointer conversion—可疑的指针转换

（78）Symbol limit exceeded—符号越限

（79）Too few parameters in call—图数调用时提供的参数少于图数说明的参数

（80）Too many default cases—Default 太多（switch 语句中的一个）

（81）Too many error or warning messages—错误或警告信息太多

（82）Too many type in declaration—说明中类型太多

（83）Too much auto memory in function—图数使用到的自动存储器太多

（84）Too much global data defined in file—文件中定义的全局数据太多

（85）Type mismatch in parameter xxx—参数 xxx 类型不匹配

（86）Type mismatch in redeclaration of 'xxx'—xxx 重定义的类型不匹配

（87）Unable to create output file 'xxx'—无法建立输出文件 xxx

（88）Unable to open include file 'xxx'—无法打开被包含的文件 xxx

（89）Unable to open input file 'xxx'—无法打开输入文件 xxx

（90）Undeclared identifier—未说明标识符

（91）Undefined structure 'xxx'—没有定义的结构体 xxx

（92）Undefined symbol 'xxx'—没有定义的符号 xxx

（93）Unexpected end of file—意料之外的文件结束

（94）Unknown preprocessor directive: 'xxx'—不认识的预处理命令 xxx

（95）Unterminated string or character constant—字符串或常量少引号

（96）User break—用户强行中断了程序

（97）Void functions may not return a value—Void 类型的图数不应有返回值

（98）Wrong number of arguments—调用图数的参数数目错

（99）xxx statement missing ;—xxx 缺少分号

（100）'xxx' declared but never used—说明了 xxx 但没有使用

▥ 参考文献

[1]　葛素娟，胡建宏．C 语言程序设计教程[M]．北京：机械工业出版社，2014.

[2]　武春岭，高灵霞．C 语言程序设计习题集[M]．北京：高等教育出版社，2014.

[3]　黄成兵，谢慧.C 语言项目开发教程[M].北京：电子工业出版社，2013.

[4]　柴田望洋．明解 C 语言[M]．管杰，罗勇译．北京：人民邮电出版社，2013.

[5]　李学刚，杨丹，等.C 语言程序设计[M].北京：高等教育出版社，2013.

[6]　蔡明志.乐在 C 语言[M]．北京：人民邮电出版社，2013.

[7]　马晓晨，衡军山．C 语言程序设计[M]．2 版．北京：中国水利水电出版社，2012.

[8]　何钦铭，颜晖.C 语言程序设计[M]．北京：高等教育出版社，2012.

[9]　刘玉英．C 语言程序设计:案例驱动教程[M]．北京：清华大学出版社，2011.

[10]　谭浩强．C 语言程序设计[M]．北京：清华大学出版社，2010.

"智慧职教"使用说明

欢迎访问职业教育数字化学习中心——"智慧职教"（http://www.icve.com.cn），以前未在本网站注册的用户，请先注册。用户登录后，在首页或"课程"频道搜索本书对应课程"C 语言程序设计"进行在线学习。用户可以扫描"智慧职教"首页或扫描本页右侧提供的二维码下载"智慧职教"移动客户端，通过该客户端进行在线学习。

扫描下载官方APP